Erfolgreich auf YouTube

Joachim Gerloff

# Erfolgreich auf YouTube

## Social-Media-Marketing mit Online-Videos

**Bibliografische Information der Deutschen Nationalbibliothek**
Die Deutsche Nationalbibliothek verzeichnet diese Publikation in der
Deutschen Nationalbibliografie; detaillierte bibliografische
Daten sind im Internet über <http://dnb.d-nb.de> abrufbar.


Bei der Herstellung des Werkes haben wir uns zukunftsbewusst für
umweltverträgliche und wiederverwertbare Materialien entschieden.
Der Inhalt ist auf elementar chlorfreiem Papier gedruckt.

ISBN 978-3-8266-8192-9
1. Auflage 2014


www.mitp.de
E-Mail: kundenbetreuung@hjr-verlag.de

Telefon: +49 6221/489-555
Telefax: +49 6221/489-410



© 2014 mitp, eine Marke der Verlagsgruppe Hüthig Jehle Rehm GmbH
Heidelberg, München, Landsberg, Frechen, Hamburg

Lektorat: Miriam Robels
Sprachkorrektorat: Chris Kapfer
Covergestaltung: Christian Kalkert, www.kalkert.de
Satz: III-Satz, Husby, www.drei-satz.de
Druck:  Kessler Druck + Medien, Bobingen

# Inhaltsverzeichnis

## 2: Hallo YouTube! 37

## 3: Themen finden 57

## 4: Produktion: Klappe und Action 77

# 5: Videos optimieren                105

# 6: Die YouTube-Community                    137

# 7: Verbreiten und teilen                    157

# 8: Erfolg messen und analysieren            179

## 9: Erfolgreiche Videos                                         199

## Ausblick                                                        209

# Einleitung

Der »sneezing baby panda«, Gangnam-Style oder »Noah takes a photo of himself every day for 12,5 years«: Mindestens eins dieser Videos haben Sie sich schon einmal angesehen – falls nicht, sollte dies unbedingt nachgeholt werden. Denn diese Produktionen sind Beispiele dafür, was Videos mit uns machen. Sie begeistern, erzeugen Freude, bringen einen zum Nachdenken, schaffen Lust auf mehr und sorgen letztlich dafür, dass Inhalte auf der Videoplattform YouTube weiterempfohlen werden. Und genau das wird Ihnen auch bei mindestens einem der angesprochenen Videos passieren, wenn Sie das nächste Mal ins Büro kommen und mit einem Kollegen ins Gespräch kommen. »Geh mal schnell auf YouTube, ich muss dir mal eben was zeigen…«

Genau hier entfaltet sich die Macht von YouTube. Inzwischen ist aus dem »mal eben« eine immense Zahl an Stunden geworden, die wir mit dem Anschauen von Videos verbringen. Laut Angaben von YouTube werden über sechs Milliarden Stunden an Videos weltweit pro Monat angeschaut[1] – Tendenz steigend. Was im privaten Umfeld begonnen hat, wird auch immer häufiger durch Unternehmen genutzt, obgleich aus teils nachvollziehbaren Gründen der Einsatz von Videomarketing immer wieder nach hinten geschoben wird.

Dieses Buch möchte als Leitfaden dienen und den Weg aufzeigen, wie Videomarketing mit YouTube selbst in kleinen und mittelständischen Unternehmen in der Kommunikation angewendet werden kann. Obwohl häufig die großen Konzerne wie Coca Cola, BMW oder die Deutsche Telekom in der Presse für ihr ausgezeichnetes YouTube-Marketing gelobt werden, steckt auch in den unscheinbaren Firmen und Ein-Mann-Betrieben das Potenzial, über Videoplattformen ihren Bekanntheitsgrad zu steigern. Und genau hierbei soll das Buch helfen. Produktvideos, Videos, die das Unternehmen darstellen sollen, Lehrvideos oder Interviews – YouTube-Marketing hat viele Gesichter, die in diesem Buch vorgestellt werden. Es vermittelt Grundlagen zum Videomarketing und baut so ein Grundverständnis für YouTube als Kommunikations- und Marketingkanal auf.

Die Zielgruppe von »Erfolgreich auf YouTube« sind Entscheidungsträger in kleinen und mittelständischen Unternehmen, die sich bisher kaum oder gar nicht mit dem Videoportal beschäftigt haben und erfahren möchten,

---

1. *https://www.youtube.com/yt/press/de/* (Stand Januar 2014)

wie sie ihr Potenzial in diesem Bereich optimal nutzen. Aus diesem Grund erklärt das Buch alle Sachverhalte leicht verständlich von Grund auf und arbeitet mit vielen Screenshots und Abbildungen. Der Einstieg in die Materie soll Ihnen so einfach wie möglich gemacht werden – zum direkten Nachmachen vor dem PC, am Laptop oder auf dem Tablet.

Onlinevideos haben sich zum Leitmedium des modernen Zeitalters entwickelt und sind aus dem aktuellen Leben nicht mehr wegzudenken. Um der wachsenden Popularität von Bewegtbildern auf den Grund zu gehen, soll deshalb im ersten Kapitel des Buches auf die Rolle des Videos als solches eingegangen werden. Was macht Videoportale wie YouTube so interessant? Auf diese Frage geht das Buch mit dem notwendigen Hintergrundwissen ein und beschäftigt sich mit den sozialen, kognitiven und ökonomischen Aspekten des Videomarketings. Studien zum Medienkonsum unterstreichen dabei die Relevanz des Mediums im Alltag und somit auch im beruflichen Umfeld. Spätestens nach Ende dieses Kapitels sollen Sie ein Verständnis dafür gewonnen haben, dass Bewegtbildinhalte im Unternehmensmarketing einen tiefen Sinn haben.

Mit dem notwendigen Basiswissen starten wir im zweiten Kapitel tief in die YouTube-Welt – so wie es bei einem Leitfaden über Videomarketing auch sein soll. Hier wird auf die Geschichte von YouTube eingegangen, um den enormen Aufstieg und die Weiterentwicklung des Videoportals bis hin zur weltweit zweitgrößten Suchmaschine nachvollziehen zu können. Ebenfalls erläutert dieser Teil des Buches den Aufbau und die Struktur der Videoplattform. Als erste praktische Übung folgt zum Ende des Kapitels eine Step-by-Step-Anleitung, wie Sie einen Unternehmenskanal anlegen.

Nachdem der YouTube Channel aufgebaut ist, zeigt das dritte Kapitel Möglichkeiten auf, wie relevante Themen für die Videoformate gefunden werden. Dass es auch außerhalb des großen World Wide Webs kreative Impulse gibt, wird anhand des Redaktionsplans erläutert, der insbesondere im Content Marketing, aber auch im Printbereich treue Dienste geleistet hat.

Frisch motiviert und gestärkt von zahlreichen Ideen für die eigene Videoproduktion, geht es im vierten Kapitel an das Erstellen von Inhalten für den YouTube-Kanal. Insbesondere technische Anforderungen sowie das notwendige Equipment werden in diesem Abschnitt thematisiert und erlauben es Ihnen, direkt zur Tat zu schreiten. Übung macht den Meister!

Damit die neu produzierten Inhalte auch ihren Weg ins Internet und somit auf die Bildschirme eines hoffentlich begeisterten Publikums finden, widmet sich das fünfte Kapitel dem Upload und der Optimierung der Videos. Hierbei rückt YouTubes Rolle als Suchmaschine in den Vordergrund, da insbesondere die Bewertungskriterien der Videoplattform beleuchtet werden. Title, Description und Tags werden hierbei eine zentrale Rolle spielen, aber auch andere Mechanismen der Optimierung thematisiere ich in diesem Abschnitt.

Die YouTube-Community sowie prominente Beispiele für erfolgreiches YouTube-Marketing thematisieren Kapitel sieben und acht. Zwar hat sich YouTube inzwischen zur weltweit größten Videoplattform entwickelt, doch häufig unterschätzen Unternehmen deren Bedeutung als Social-Media-Netzwerk. Um nachhaltigen Erfolg mit dem eigenen Unternehmenskanal sowie den dort publizierten Inhalten zu sichern, müssen diese Komponenten berücksichtigt werden.

Abschließend zeige ich Möglichkeiten des Monitoring auf. Wie alt Ihre Zielgruppe ist, aus welcher Region dieser Erde Sie die meisten Zugriffe bekommen und welche Erfolge die Optimierung der Videos auf den Gesamtkanal hat: All diese Daten und Fakten lassen (vielmehr müssen) mit dem Controlling-Tool von YouTube Analytics regelmäßig überprüft werden.

»Erfolgreich auf YouTube« bewegt sich auf einem praxisnahen Niveau. Fallbeispiele aus der Welt von YouTube unterstreichen ebenso wie Kurzinterviews mit Experten aus der Branche die Einsatzvielfalt von Onlinevideos. Zusammengefasst beantwortet »Erfolgreich auf YouTube« folgende Fragen:

- Welche Rolle spielt YouTube-Marketing?
- Wie lege ich einen Unternehmenskanal an?
- Wie finde ich die passenden Inhalte für meinen Kanal?
- Was brauche ich für die Produktion meiner YouTube-Videos?
- Welche Maßnahmen muss ich zur Optimierung der Inhalte beachten?
- Wie nutze ich YouTube als soziales Netzwerk?
- Was erfahre ich über meine Zielgruppe bei YouTube?

Wer bei einer dieser Fragen bereits zustimmend nicken musste und sich insgeheim dachte: »Ja, diese Antwort suche ich!« – für all diejenigen bleibt nun zu sagen: Viel Spaß in die Reise ins YouTube-Marketing-Land. Was Ihnen den Eintritt noch versüßen wird: Alle hier dargestellten Maßnahmen und Optimierungsmöglichkeiten sind kostenlos. Thematik des Buchs ist es, das Grundpotenzial von YouTube aufzuzeigen; bezahlte Werbemöglichkeiten sind aus diesem Grund ausgeschlossen.

# Kapitel 1

# Warum überhaupt YouTube?

Seit 2006 hat sich YouTube enorm entwickelt und bietet vor allem aus Sicht des Onlinemarketings einen absoluten Mehrwert für Unternehmen. Was anfangs als reines Spaßportal mit unterhaltsamen Videos startete, stellt heutzutage einen hochinformativen Kanal für Großkonzerne, mittelständische Unternehmen, Selbstständige, Blogger und Internetstars dar. Dennoch ist für viele Marketingabteilungen das Thema YouTube ein unbekanntes Feld, das nur selten in die Außendarstellung des Unternehmens eingeplant wird. Und dies spiegelt sich auch in den aktuellen Zahlen wider. Laut einer BITKOM-Umfrage (Stand 2012) nutzen gerade einmal 28 Prozent der deutschen Unternehmen eine Videoplattform im Bereich Social Media (siehe Abbildung 1.1).

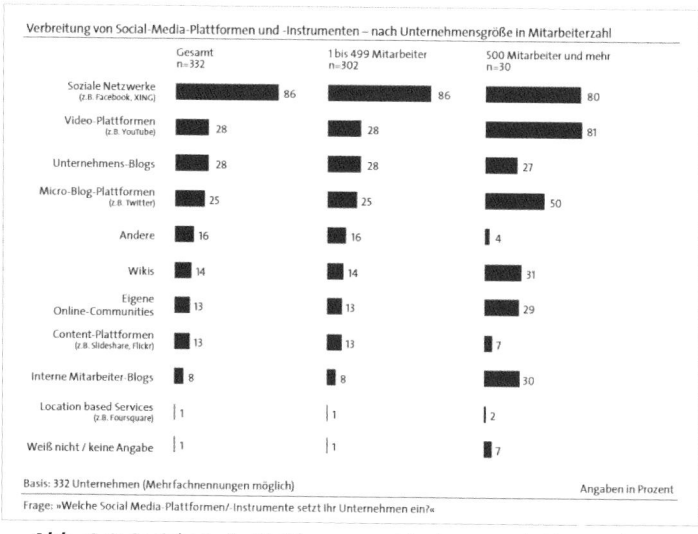

***Abb. 1.1:*** Social-Media-Plattformen und Instrumente in Unternehmen
(Quelle BITKOM)

Obgleich bewegten Bildern in der Kommunikation eine zentrale Rolle zugeschrieben wird, hat ein Großteil der deutschen Unternehmen das Potenzial von YouTube und Co. noch nicht erkannt. Woran liegt diese ablehnende Haltung gegenüber Videoportalen, die mit User Generated Content (UGC) groß geworden sind und nun die Medienlandschaft wie kaum ein anderes Medium prägen? Eine Analyse der Top-4-Ausreden gibt einen Einblick:

1. **»Videomarketing ist zu aufwendig«**

   Äußerst häufig verbinden Marketingverantwortliche mit der Redaktion, Produktion und Pflege von Videoinhalten einen großen Zeitfaktor. In Zeiten immer strafferer Tagesabläufe beschäftigen sich nur wenige mit neuen Kommunikationskanälen, insbesondere wenn diese absolutes Neuland darstellen. Eins will gesagt sein: Sicherlich bedeutet die Content-Pflege eines Unternehmenskanals einen zusätzlichen Mehraufwand. Jedoch liegen die Minuten, die hier investiert werden, weit unter dem vorgestellten Horrorszenario. YouTube ermöglicht es selbst Techniklaien, in nur wenigen Minuten Videos hochzuladen und Millionen von Usern bereitzustellen. Auch die Produktion von Videoinhalten ist dank digitaler Aufnahmegeräte oder sogar mit dem Handy möglich – ohne großartigen Zeitaufwand.

2. **»Die Produktion von Videos ist kostenintensiv«**

   Wir leben längst nicht mehr in den 1990er Jahren, wo analoge Kameras den Standard in der Videoproduktion darstellten. Digitale Geräte waren zur damaligen Zeit teuer und somit war das Drehen von Videos häufig nur Experten oder professionellen Produktionsfirmen überlassen. Mit der wachsenden Verbreitung von digitalen Kameras ist jedoch jeder User in der Lage, Videos zu produzieren. Oft erfüllt das Smartphone die Qualitätsansprüche und kann mittels Videoschnittprogramme auf perfekte Weise ergänzt werden. Wer hier wieder den Zeitfaktor sieht: Nicht nur, dass sie kostengünstig sind, sie sind auch leicht in der Handhabung.

3. **»Portale wie YouTube sind für unsere Branche irrelevant«**

   Seine potenziellen Kunden oder Interessenten zu unterschätzen, ist ein weit verbreiteter Fehler. Videos gewinnen mehr und mehr an Bedeutung und speziell YouTube erfüllt längst nicht mehr die reine Unterhaltungsfunktion. Das Videoportal ist zur zweitgrößten Suchmaschine geworden und entwickelt mit der Google-Suche ein enormes Potenzial. Wer Suchmaschinenoptimierung (SEO) für seine Website betreibt und über wichtige Suchbegriffe gefunden werden möchte, dem sei dringlich angeraten, YouTube in seine Marketingstrategie aufzunehmen. Denn bereits heute werden themenrelevante Videos äußerst prominent in den Suchergebnisseiten (Search Engine Result Page = SERPs) angezeigt – Tendenz steigend (siehe Abbildung 1.2).

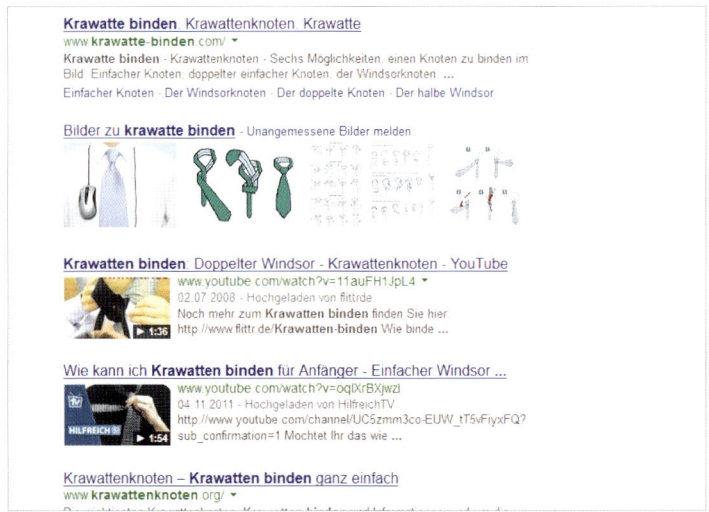

***Abb. 1.2:*** Auf die Keyword-Kombination »Krawatten binden« spuckt die Google-Suche zwei YouTube-Videos unter den ersten vier Ergebnissen aus.

### 4. Milliarden YouTube-Videos – da habe ich sowieso keine Chance

Diese Einstellung ist nur bedingt richtig. Sicherlich gibt es eine schier unendliche Anzahl an Onlinevideos, die auf dem Portal verfügbar sind. Dabei handelt es sich jedoch um ebenso viele unterschiedliche Thematiken. Reine Unterhaltungsvideos, Musicclips oder Inhalte aus TV-Produktionen gehören zwar zu den beliebtesten Videos, jedoch bietet YouTube neben dem Faktor »Entertainment« auch den Bereich »Information«. Menschen nutzen die Suchfunktion von YouTube, um über Fachbereiche und Themen zu recherchieren. Was ist, wenn ein User beispielsweise nachvollziehen möchte, wie ein bestimmtes Produkt, zum Beispiel eine Industriemaschine, in der Praxis funktioniert? Auf YouTube findet er die Antwort! Mit einem gut optimierten Video holen Sie ihn direkt bei seiner Suchanfrage ab!

Seien Sie ehrlich: Ein Großteil von Ihnen wird sicherlich zumindest einem der oben aufgeführten Aussagen ein Nicken abgewonnen haben. Dem ist auch kein Vorwurf zu machen, denn YouTube ist, wie bereits angesprochen, immer noch nicht in den Köpfen der Marketingbetreiber angekommen. Um dies zu fördern, muss das Prinzip des Videomarketings nachvollzogen werden. Denn nur wer versteht, welches Potenzial für das eigene Unternehmen in YouTube steckt, wird sich überzeugen lassen.

# 1.1 Prinzipien von Videomarketing

Was macht das Videomarketing auf Plattformen wie YouTube, MySpace und Co. so interessant für den User? Erklärungen hierfür lassen sich bei der Popularisierung der ersten Kinematografen Anfang des 20. Jahrhunderts ableiten. Mit Aufkommen der Bewegtbilder in Kinosälen und später dann im heimischen Fernseher entstand eine besondere Faszination, da durch dieses Medium gleich zwei Sinne angesprochen werden. Für den Konsumenten bedeutet dies eine auditive (hören) und visuelle (sehen) Erfahrung. Entsprechend groß ist die Aufnahme der dargebotenen Inhalte, da sie auf verschiedenen Ebenen der menschlichen Wahrnehmung stattfindet.

Faktisch heißt das: Videoformate begeistern, da sie gleich mehre Erfahrungsebenen berühren. Insbesondere den Onlinevideoformaten kommt dies zugute, da in diesem Bereich drei zusätzliche Prinzipien dazukommen, die Videomarketing so interessant machen. Zum einen sind Bewegtbilder durch die fortschreitende technische Mobilität **fast überall aufrufbar**. Ob PC, Handy, Tablet oder iPod: Die Videos können überall angeschaut werden.

Ein weiterer Punkt: Durch kostengünstige Speichermedien, Kameras und den leicht verständlichen Upload ist es fast **jedem möglich, sich als Produzent zu beweisen** und eigene Videos hochzuladen. Die benutzerfreundliche Handhabung von YouTube als Videoplattform sowie die Zugänglichkeit zu günstigen Aufnahmegeräten schaffen eine eigene Generation von Videomachern.

Der dritte Grund, weshalb Onlinevideoformate so erfolgreich sind, ist ihre **soziale Vernetzung**. Durch Social-Media-Kanäle, E-Mail oder Kurznachrichten auf dem Handy verbreiten sich interessante Videos in Sekundenschnelle und können auf diese Art und Weise ein disperses, schier unendliches Publikum erreichen. Die Grenzen verschwimmen immer mehr und Onlinemedien zeigen Möglichkeiten auf, die klassische Kommunikationskanäle bisher nicht erreichten.

Erfolgreich können Unternehmen diese drei Prinzipien des Videomarketings für sich nutzen. Denn falls es Marketingverantwortlichen wie Ihnen gelingt, mit einem überzeugenden Video an die Zielgruppe heranzutreten, diese zu einer Reaktion zu verleiten (im Idealfall mit einer direkten Videoantwort auf Ihren Beitrag) und das Video im Anschluss über die sozialen Kanäle verbreitet werden, haben Sie das Wunder von Videomarketing erfahren. YouTube kann als stärkste Plattform in diesem Bereich der Zugang und Mittler sein.

# 1.2    YouTube als Marketingkanal

Faszination Video hin oder her: Es sprechen einige Fakten dafür, YouTube in das eigene Onlinemarketingkonzept zu integrieren. Wenn Sie Onlinemarketing professionell betreiben, das heißt alle Disziplinen wie Suchmaschinenoptimierung (SEO), Suchmaschinenwerbung (SEA), Online-PR oder Social Media Marketing (SMM) miteinander vernetzen, ist die Nutzung von Videoinhalten zu Kommunikationszwecken die logische Konsequenz daraus.

Doch wie bereits ausgeführt, wird YouTube insbesondere von Unternehmen und Selbstständigen noch weitgehend in der Kommunikationsstrategie ignoriert. Hier einige überzeugende Argumente, die in der nächsten Sitzung mit der Geschäftsleitung aufgeführt werden können, um die Bedeutung dieses Themas zu unterstreichen.

## 1.2.1    YouTube ist die Nummer zwei der Suchmaschinen

Ist YouTube immer noch zeitgemäß oder ein Hype, der schon längst abgeflacht ist? Die Zahlen sprechen für sich: YouTube hat sich mittlerweile zur zweitgrößten Suchmaschine weltweit etabliert und wird von den Usern regelmäßig genutzt. Das Marktforschungsunternehmen »comScore« gibt an, dass im Jahre 2011 mehr als ein Viertel aller Suchanfragen, die der Google-Konzern bearbeitet, über YouTube gestellt wurden. Bei einem Marktanteil von mehr als 90 Prozent bedeutet dies für Google eine enorme Anzahl an Useranfragen, die über die Videoplattform bearbeitet werden.

Wieso betreiben Sie Suchmaschinenoptimierung? Damit man auf Ihr Unternehmen aufmerksam wird. Weshalb investieren Sie Unmengen von Geld in Google AdWords und Co? Damit Interessenten auf Ihre Website gelangen. Für ein Unternehmen, dessen Dienstleistungen und Produkte im Internet gefunden werden sollen, stellen ein eigener Unternehmenskanal und darauf publizierte Videoinhalte einen weitläufigen Zugang zu einer aktiven Interessensgruppe dar. Die Einrichtung eines eigenen Unternehmens-Channels sowie die Publikation eigener Videos bedeutet nichts anderes, als der Suchmaschine YouTube potenzielle Ergebnisse zu liefern, die bei einer Suchanfrage in YouTube angezeigt werden.

Sucht ein User beispielsweise nach einer Anleitung, wie man eine Tapete erfolgreich an der Wand anbringt, wird er wohl den Suchbegriff »Tapezieren« bei YouTube eingeben – in der Hoffnung, dort ein hilfreiches Anleitungsvideo zu finden. Ihr Video sollte hier dabei sein!

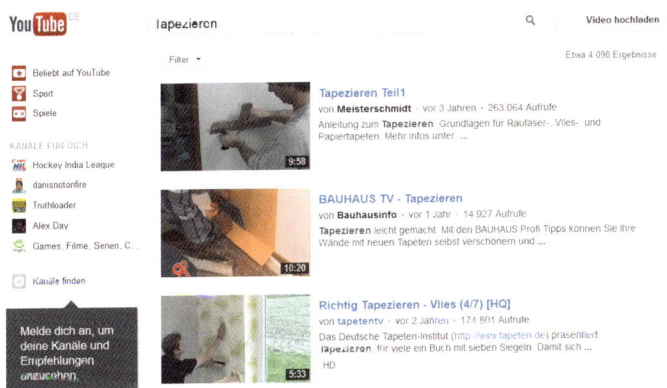

***Abb. 1.3:*** Nutzen Sie die Suchergebnisseiten von YouTube – hier sollte Ihr Unternehmen auf jeden Fall vertreten sein.

## 1.2.2 Videos werden prominent in den Suchergebnissen angezeigt

Google möchte als größte Suchmaschine weltweit ein attraktives Angebot an Suchergebnissen erzeugen. Und spätestens mit dem Kauf der Videoplattform im Jahr 2006 gehören YouTube-Videos zu den absoluten Rennern in den Rankings. Google liebt YouTube und verschafft seinen Inhalten äußerst präsente Platzierungen. Die Chance, ganz vorne mitzuspielen, liegt beispielsweise mit einem eigens produzierten Video zum Papierstanzen höher, als diese Informationen wie Hunderte anderer Bewerber als Textseite aufzubauen. Denn entsprechende Landingpages gibt es wie Sand am Meer und Suchmaschinenoptimierung (SEO) benötigt zudem verhältnismäßig viel Zeit, um gute Rankings zu erreichen. Mit einigen wenigen Klicks ist hingegen ein Video auf YouTube hochgeladen. Handelt es sich um ein qualitativ hochwertiges Video mit guten Inhalten, wird es in kürzester Zeit in den Suchergebnissen angezeigt – nicht nur bei YouTube, sondern auch in allen anderen Suchmaschinen.

Motivlocher / Motivstanzer: Motivlocher / MotivstanzerDie Motivstanze
www.monisbastelkiste.de/Motivlocher-Motiv**stanzer**_1 ▾
Je nach Form kann man bis zu 220g/**Papier stanzen**. Sehr große Stanzen schaffen auch dickeres. Sehr kleine oder filigrane Stanzen schaffen erfahrungsgemäß ...

**Papier stanzen** mit CBX 100.wmv - YouTube

www.youtube.com/watch?v=fvftqADVQno
25.01.2012 - Hochgeladen von Schafferhans
**Papier stanzen** mit der Papierstanzmaschine CBX 100 funktioniert auf Knopfdruck. Ebenso einfach ist ...

**Papier, stanzen**, und, binden, mit, EBX, 50 - YouTube

www.youtube.com/watch?v=9mymZrqHzM0
25.01.2012 - Hochgeladen von Schafferhans
Die elektrische **Stanz**- und Bindemaschine EBX-50 arbeitet auf Knopfdruck. **Stanzen** Sie bis zu 5 mm ...

Stempelmeer Scrapbooking Shop | Prägen + **Stanzen**
www.stempelmeer.de/Praegen-**Stanzen**/ ▾
Sie brauchen dafür eine **Stanz**- und Prägemaschine und Ihre Lieblingsschablonen. Einfach das **Papier** auf die die Schablone legen. Schneideplatte obendrauf ...

*Abb. 1.4:* Vier von zehn Suchergebnissen sind bei Google Onlinevideos der Plattform YouTube.

Google möchte zur universellen Suchmaschine werden und sich auf möglichst alle Formate konzentrieren. Der Trend geht ganz klar zu mehr und mehr Videos auf den Suchergebnisseiten (SERPs).

### 1.2.3    Dynamische Kommunikation mit dem Kunden

Sicherlich ist die Textkomponente ein wichtiges Kommunikationsinstrument (sonst würden Sie dieses Buch nicht lesen), jedoch bedient sich das Medium Video einer vielfältigeren Ansprache des Rezipienten. Wie bereits die Entwicklung von Social Media wie Facebook, Twitter oder Blogs gezeigt hat, ist der direkte Austausch von Unternehmen mit den Usern ein beliebter und auch erwünschter Service. Beispiele gibt es viele: Die Deutsche Telekom hat einen eigenen Twitter-Kanal und kann so ohne Umschweife oder unendliche Warteschleifenmusik bei Problemen helfen. Die Reiseplattform Expedia führt einen Unternehmens-Blog, um zusätzliche Infos aufzubauen und ihre User mit modernen Themen bei Laune zu halten. Und der Facebook-Kanal von Audi gehört zu den beliebtesten Plattformen im sozialen Netzwerk, mit mehreren Tausenden »Likes« pro gepostetem Kommentar.

**Working at Zalando**

***Abb. 1.5:*** Zalando TV auf YouTube zeigt durch Interviews mit Kundinnen eine äußerst offene Kommunikationskultur.

YouTube stellt eine besondere Form von Social Media dar. Auch wenn es sich anfangs um eine reine Videoplattform handelte, spielte seit jeher auch der Austausch mit anderen Usern eine zentrale Rolle. Dies sollten Unternehmen für sich nutzen. Videos über das Unternehmen, das Produkt oder spezielle Dienstleistungen erreichen den User noch expliziter, da das Format dynamisch ist. Video nutzt die Ansprache über Ton und Bild und vermittelt somit eine lebendigere, realitätsnahe Kommunikation. Das kommt gut beim Interessenten an. Die Wahrscheinlichkeit, dass ein gut gemachtes Video von den Usern akzeptiert, gelobt und dann über verschiedenste Wege verbreitet wird, ist extrem hoch. Ein solches Engagement wird eher eine positive Resonanz hervorrufen als beispielsweise eine standardisierte E-Mail an den Kunden.

## 1.2.4   Effektive OffPage-Optimierung

Häufig betrachten Marketingverantwortliche die Unternehmenswebsite und einen YouTube-Kanal als zwei völlig unabhängige Konstanten. Würde diese Aussage auch für soziale Netzwerke wie Facebook, Twitter oder Google Plus getroffen? Womöglich nicht. Schon längst gehören Impulse aus diesen Kanälen für Suchmaschinen wie Google und Co. zu wichtigen Bewertungskriterien. Viele Likes zeigen beispielsweise auf, dass ein Beitrag auf einer Website relevant zu sein scheint, und entsprechend hoch wird dies angezeigt.

Ebenso verhält es sich mit dem YouTube-Kanal. Dadurch, dass sowohl der Kanal als auch jedes Video mit einem Link auf die Unternehmenswebsite ausgestattet werden können (siehe Kapitel 5), sind sie direkt miteinander verbunden. Dies stellt grundsätzlich also eine gute Möglichkeit dar, Backlinks zu generieren.

### Backlink

Ein Backlink (deutsch: »Rückverweis«) bezeichnet einen Link, der von einer anderen Webseite auf die eigene Internetpräsenz führt. Bei Suchmaschinen wie Google oder Yahoo gelten die Anzahl und die Qualität solcher Verweise als Indiz für die Popularität beziehungsweise Relevanz einer Webseite. Je etablierter eine Linkquelle im Internet ist, desto besser ist dies für die Website.

Werden die YouTube-Videos optimiert und erreichen dadurch einen größeren Kreis an Empfängern, steigt nicht nur die Wahrscheinlichkeit, dass sich ein Interessent mit einem Klick auf den URL-Hinweis auf Ihrer Unternehmensseite wiederfindet. Wird ein Video häufig weiterempfohlen, geteilt oder von Anfang bis Ende angeschaut, steigt es im YouTube-Ranking und hat durch die Verlinkung auch einen positiven Effekt auf die Internetpräsenz beziehungsweise die Landingpage.

## 1.2.5 Videos sind nachhaltiger

Betrachtet man den Langzeitnutzen von Onlinevideos im Vergleich zu herkömmlichem Werbetext liegt die Wirkung von Bewegtbildformaten um einiges höher. Laut dem Internetdienst unternehmer.de kann ein Werbefilm Nutzer rund acht Mal so lange auf einer Internetpräsenz verweilen lassen. Glaubt man den Zahlen, schauen 60 Prozent der Menschen im Generellen lieber ein Video an, als sich einen Text durchzulesen.[2]

Ein kurzer Imagefilm eines mittelständischen Handwerksbetriebs erscheint viel lebendiger und informativer, als sich elendig lange Firmenchroniken und »Über uns«-Landingpages auf den Unternehmenswebsites anzusehen. Das Video gibt einen kompakten, schnellen Informationsschub an den Nutzer weiter – rasche Informationsverarbeitung mit Langzeitgarantie. Das gleiche Phänomen tritt auch bei einem Video auf, das Produktionsabläufe oder Dienstleistungen zeigt.

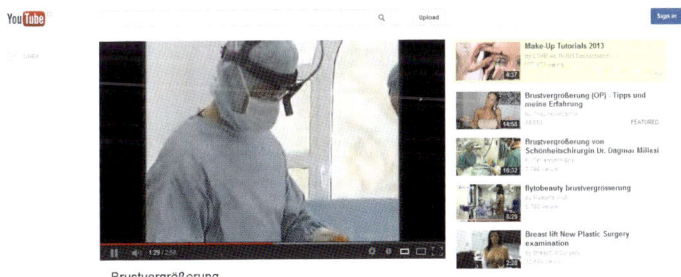

***Abb. 1.6:*** Ein Videoclip zur Brustvergrößerung zeigt der Interessentin anschaulich, wie eine Brust-OP abläuft.

2. *http://www.unternehmer.de/marketing-vertrieb/152596-online-video-marketing-ein-rentabler-trend-infografik* (Stand Februar 2014)

## 1.3 Zielgruppe von YouTube Marketing

Das Vorurteil, dass auf YouTube vor allen Dingen junge User vertreten sind, ist längst überholt. Onlinevideos begeistern ein äußerst vielfältiges Publikum – angefangen beim Teenager über Marketingentscheidende aus einem international agierenden Großkonzern bis hin zum Rentnerpaar.

Die demografische Diversität lässt sich durch zahlreiche Studien und Statistiken belegen. So gibt das Videoportal selbst sehr spezifische Angaben über die Zielgruppen, die über Onlineformate angesprochen werden.[3] Laut YouTube befinden sich beispielsweise 8,6 Millionen Männer zwischen 18 und 54 Jahren im Portal. In der absoluten Reichweite stellen sie 53 Prozent dar. Bei den weiblichen Nutzern fallen die Zahlen nur geringfügig kleiner aus. 7,2 Millionen und somit 46 Prozent der Frauen in der gleichen Altersgruppe nutzen YouTube. Doch diese Zahlen sind sehr grob gefasst und reflektieren nicht die Ansätze, die beispielsweise eine Marketingabteilung hat, während man diskutiert, ob Videomarketing das richtige Mittel ist, um potenzielle Kunden zu gewinnen.

Birger Hartung und Marc Teufel von www.gruppenwissen.de haben die Besucherzahlen von YouTube feiner aufgeschlüsselt. Abbildung 1.7 spiegelt die demografischen Gruppen auf der Videoplattform wider:

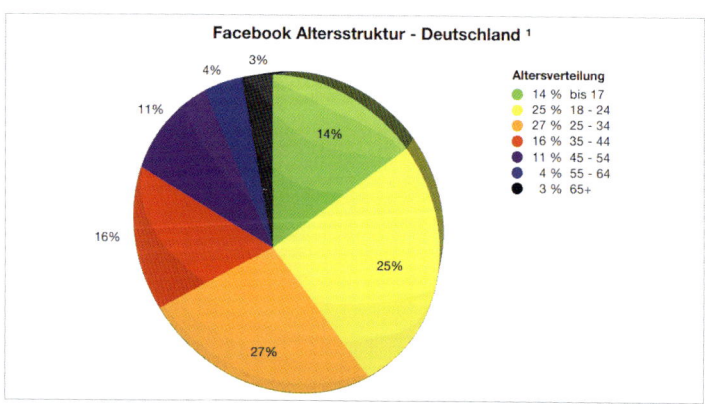

***Abb. 1.7:*** Nicht nur jugendliche User nutzen YouTube. Auch die Gruppe der 35- bis 54-Jährigen ist gut vertreten. (Quelle: Gruppenwissen.de)

---

3. *http://www.youtube.com/yt/advertise/de/demographics.html* (Stand Februar 2014)

Das obige Kreisdiagramm verdeutlicht, dass der Anteil an jugendlichen YouTube-Usern relativ gering ist. Die für den Onlinehandel als äußerst relevant eingestufte Gruppe der 35- bis 54-Jährigen stellt dagegen mehr als ein Viertel aller YouTube-User. Sie sind für Werbetreibende interessant, da sie über ein gewisses Kapitalvermögen verfügen.

Egal welche Zielgruppe Sie mit Ihrer Unternehmenskommunikation ansprechen möchten: Auf YouTube finden Sie sie. Verabschieden Sie sich dabei von dem Gedanken, dass Onlinevideos etwas Besonderes sind. YouTube und andere Videoportale sind längst zum Medienalltag geworden und entwickeln sich langsam, aber sicher zum Standard.

# 1.4    Was YouTube alles kann

Welches große Potenzial wirklich in YouTube steckt, verdeutlichen einige Zahlen und Statistiken, die YouTube im Pressebereich bereitstellt. Aber auch die Erfolgsgeschichten aus den News beweisen eindrucksvoll, wie YouTube für Branding, Traffic-Generierung und Kommunikationsziele eingesetzt werden kann. Falls bisher noch kein Funken übergesprungen ist, tun diese skurrilen Fakten über YouTube ihr Übriges[4]:

▸ YouTube hat monatlich mehr als eine Milliarde einzelne Nutzer.

▸ YouTube gibt es in 56 Ländern und 61 Sprachen.

▸ Mehr als sechs Milliarden Stunden Videomaterial sehen sich die YouTube-User weltweit im Monat an.

▸ Mehr als 100 Stunden Videomaterial werden pro Minute hochgeladen.

Den wachsenden Markt an Onlinevideos stellt auch das Internet-Marktforschungsunternehmen comScore in seinem Whitepaper »Future in Focus. Digitales Deutschland«[5] eindrucksvoll dar:

▸ Mobile Video (Videos, die auf einem mobilen Endgerät angeschaut werden) verzeichnete im Jahr 2012 ein Wachstum von mehr als 200 Prozent.

---

4. *http://www.youtube.com/yt/press/de/statistics.html* (Stand: Februar 2014)

5. *http://www.comscore.com/ger/Insights/Presentations_and_Whitepapers/2013/ 2013_Future_in_Focus_Digitales_Deutschland*

▸ 99,6 Prozent von Googles 40,2 Millionen Besuchern sahen ein You-Tube-Video.

▸ YouTube belegt mit 4.482.000 Total Unique Visitors (im Quartal) Platz sechs der Top-10-Liste der mobilen Websites.

Interessante Fakten zur immer besser werdenden Videoqualität führt You-Tube-Experte Jeff Bullas in seinem Blog auf[6]. Sie unterstreichen, wie schnell das Portal auf die immer besser werdenden Anforderungen der Technik reagiert. YouTube verändert sich genauso wie seine User:

▸ Zehn Prozent aller Onlinevideos sind in HD.

▸ Keine andere Videowebsite verfügt über mehr HD-Inhalte als YouTube.

▸ Mehr als 600 Millionen mobile Aufrufe sind zu verzeichnen.

▸ 2011 erreichte der Zugriff über mobile Endgeräte einen dreifach höheren Wert als zuvor.

▸ Der YouTube Player ist in mehr als zehn Millionen Websites integriert.

Zu einem echten YouTube-Star wird der ein oder andere Amateurfilmer, der Szenen hochlädt und so einem milliardengroßen Publikum zur Verfügung stellt. Diese YouTube-User haben es geschafft (Stand: Februar 2014):

▸ »Charlie bit my finger - again!«[7] ist ein Video des Briten Howard Davies-Carr, der seinen jüngsten Sohn Charlie dabei filmte, wie dieser seinem älteren Bruder Harry in den Finger beißt. Mit mehr als 535 Millionen Klicks ist es das das erfolgreichste Amateurvideo auf YouTube.

▸ Legendär ist die Geschichte des südkoreanischen Rappers Psy[8]. Sein »Gangnam Style« verbreitete sich in Sekundenschnelle auf YouTube und erhielt als das Video mit den meisten Likes einen Eintrag im Guinness-Buch der Rekorde.

---

6. *http://www.jeffbullas.com/2012/05/23/35-mind-numbing-youtube-facts-figures-and-statistics-infographic/*

7. *http://www.youtube.com/watch?v=_OBlgSz8sSM*

8. *http://www.youtube.com/user/officialpsy*

Charlie bit my finger - again !

*Abb. 1.8:* Charlie beißt seinen Bruder Harry in den Finger – und begeistert Millionen.

*Abb. 1.9:* Rapper Psys YouTube-Kanal hat dank Gangnam Style Millionen Fans.

# 1.5    Zusammenfassung

Die Bedeutung von Onlinevideos wird immer größer. Entgegen vieler Prognosen haben sich Videoformate zum klaren Leitmedium der heutigen Zeit entwickelt und werden von den Internetnutzern mehr als akzeptiert. Wie kein anderes Medium begeistern Videos und erzeugen Emotionen, die durch einen Text nur schwer vermittelt werden können. Diesen Vorteil gegenüber Print können Unternehmen für ihre Kommunikation nutzen.

Die Gründe dafür, Videomarketing in das strategische Vorgehen mit aufzunehmen, sind vielfältig, jedoch das wichtigste Argument ist: weil Videos ankommen. Mehr als die Hälfte aller Deutschen nutzen YouTube regelmäßig, sowohl Männer als auch Frauen und Jugendliche. Onlinevideos werden als leichter rezipierbar beschrieben als beispielsweise Texte und prägen sich besser im Gedächtnis der Nutzer ein. Vergleichen Sie: Wie viele interessante Spots fallen Ihnen auf Anhieb ein und wie viele Werbeplakate oder Printanzeigen?

Nicht nur bei den Usern, sondern auch bei den Suchmaschinen sind YouTube-Videos oder Formate anderer Plattformen beliebt. Inzwischen hat sich das weltweit größte Videoportal zur zweitgrößten Suchmaschine etabliert und lockt täglich Millionen User in ihren Bann, die Suchbegriffe eingeben und ein Video als Suchergebnis erwarten. Doch auch außerhalb der eigenen Suchergebnisseiten erscheinen Bewegtbildformate mit guten Rankings. Ob in Google, Bing oder anderen Suchmaschinendiensten: Videos steigen mit äußerst starken Positionen ein – ein Grund mehr für Videomarketing.

Mobile Endgeräte wie Smartphones oder Tablets ermöglichen es, Videoformate überall anzusehen. Kleine Textpassagen auf dem Display zu lesen, erweist sich hier als schwierig. Onlinevideos hingegen haben kaum einen bemerkbaren Qualitätsverlust und sind somit das bevorzugte Medium unterwegs.

Aufgrund der fortschreitenden Technisierung ist YouTube mittlerweile zu einem Medium geworden, das in allen Altersklassen Anklang findet. Nicht nur die technikaffinen Jugendlichen verbringen regelmäßig Zeit damit, Onlinevideos anzusehen. Auch die Ü30-Generation bewegt sich ohne Probleme auf dem Portal, um sich mit interessanten Bewegtbildinhalten zu versorgen.

Dass YouTube-Marketing wirklich funktioniert, zeigen die vergangene Entwicklung des Videoportals und aktuelle Zahlen. Nicht zu vergessen sind dabei echte V.I.Ps, die über ihre Onlinevideos einen stetig zunehmenden Bekanntheitsgrad erlangt haben und es teilweise bis in Nachrichtensendungen oder das Guinness- Buch der Rekorde geschafft haben.

YouTube-Marketing lohnt sich also nicht – noch Fragen?

# 1.6    Drei Fragen an...

Holger Schöpper (45), Sprecher des Forums Bewegtbild im Bundesverband Digitale Wirtschaft (BVDW). Er ist als Regional Manager bei Videoplaza sowie für die Geschäftsentwicklung im deutschsprachigen Raum, der Türkei, Russland und Asien zuständig. Videoplaza stellt Broadcastern und Publishern eine Video-Ad-Management-Plattform zur Verfügung, die das Einspielen von Werbung auf allen Endgeräten ermöglicht. Frühere Stationen waren EMI Music, Investitionsbank Berlin (Beratung von Start-up Unternehmen), medianet berlinbrandenburg (Netzwerk von Medienunternehmen) und die Deutsche Fernsehwerke GmbH.

**Videomarketing mit YouTube und anderen Plattformen wird ein zunehmend bedeutendes Thema in der Kommunikationsstrategie von Unternehmen. Beschreiben Sie bitte den aktuellen Trend.**

Bewegtbildkommunikation übernimmt die tragende Rolle im Bereich der Markenkommunikation. Brands wie Red Bull oder New Yorker werden zu Medien. E-Commerce nutzt Video, um Besucher zu Käufern zu konvertieren, und Publisher erweitern ihren Bewegtbildcontent, um entweder an TV-Werbebudgets zu gelangen (Publisher, reine Videoanbieter) oder diese zu verteidigen (Broadcaster). Darüber hinaus nutzen immer mehr Unternehmen Videos zum Aufbau von Image und zur Akquisition von Mitarbeitern.

Welcher Ansatz auch immer verfolgt wird, er muss berücksichtigen, dass die digitale Kommunikation in Echtzeit stattfindet und dadurch eine Kontrolle der Ereignisse rund um das Video eingeschränkt ist. Eine ganzheitliche Videostrategie umfasst dabei eigene Kanäle (VOD, Streaming) und Social-Media-Kanäle wie Facebook, Twitter und YouTube.

Brands fällt es leichter, Plattformen wie YouTube und Co zu nutzen, die dortigen Aktivitäten müssen lediglich mit der Markenstrategie abgestimmt werden. E-Commerce-Anbieter können sich auf die Daten hinsichtlich der Konvertierung von Nutzern zu Kunden verlassen, aber Medienmarken fällt es noch schwer, Social-Media-Kanäle zu nutzen, da eine berechtigte Sorge besteht, die Distributionshoheit über den eigenen Content zu verlieren. Die Gefahr, eigene Premium-Videoplattformen zu kannibalisieren, besteht durchaus. Unternehmen, die Videos auf Social Media platzieren, sollten professionelle Unterstützung suchen, damit der geplante Imageaufbau nicht ins Gegenteil schlägt. Gut gemachte Imagevideos mit ausgefeilter Platzierung liefern große Chancen, aber eben auch massive Risiken.

**Worin sehen Sie den Erfolg von Onlinevideos?**

Gut gemachte Onlinevideos zum Zweck von PR und Image erzeugen Emotionen und Identifikation. Sie binden den Nutzer an eine Marke, wenn sie nicht nur möglichst breit verteilt werden, sondern den Nutzer auch mobilisieren. Dies kann die Beschäftigung mit der Marke sein oder auch die Weiterverbreitung bei Gefallen.

Aus der Sicht von Werbetreibenden, die in Videos Werbung schalten wollen, liegt der Erfolg im Erreichen der Zielgruppe nach Erfolgsfaktoren wie Anzahl Impressionen, Klickraten, Verweildauer und Ähnliches.

Für kleinere und mittlere Unternehmen bieten die Social-Media-Kanäle eine gute Gelegenheit, auf sich aufmerksam zu machen. Die Kosten sind überschaubar und für die Weiterverbreitung können Nutzer animiert werden. Voraussetzung ist immer Strategie und Kreativität.

**Was erwarten Sie für die Zukunft von Videoplattformen wie YouTube und Co.?**

Grundsätzlich bietet YouTube ein spannendes und Nutzen bringendes Umfeld. Dennoch ist YouTube kein Garant für den Erfolg von Videos. Zu unsicher ist die Rechtslage, zu viele Videos sind nicht lizenziert und die YouTube-Inhaltepolitik birgt Risiken. Auch für Werbetreibende ist YouTube weiterhin ein recht undefiniertes Umfeld, welches nur bei bestimmten Zielen zu empfehlen ist. Wie und warum auch immer Videos platziert werden, es wird eine klare Strategie und professionelles Handeln benötigt. YouTube selbst investiert derzeit stark in Premiuminhalte und die Entwicklung von Kanälen.

# 1.7 Checkliste

Als festes Element in diesem Buch zeigt die Checkliste am Ende jedes Kapitels wichtige Punkte, die Sie bis dahin verstanden haben sollten. Können Sie bei allen Aufgaben einen Haken setzen, geht es weiter zum nächsten Abschnitt!

❑ **Offenheit**: Ich habe verstanden, dass Videomarketing eine immer größere Bedeutung in der Unternehmenskommunikation zukommt und möchte dieses Potenzial nutzen.

❑ **Konkurrenz**: Ich habe recherchiert, ob meine direkten Wettbewerber bereits einen YouTube-Kanal besitzen oder anderweitig Videoformate zu Marketingzwecken verwenden.

❑ **Strategie**: Für den zukünftigen Prozess plane ich Zeit und Ressourcen ein, um das Unternehmen für Videomarketing vorzubereiten.

❑ **Zielgruppe**: Ich bin mir der Zielgruppe, die ich mit YouTube erreichen möchte, bewusst.

# Kapitel 2

# Hallo YouTube!

Videomarketing nimmt an Bedeutung zu – dies hat das vorherige Kapitel herausgearbeitet, und wie der Titel des Buches zeigt, ist YouTube der Kanal, an dem die Theorie in die Praxis umgesetzt wird. Die Frage, weshalb YouTube in diesem Buch die Hauptrolle spielen darf und Videoplattformen wie MySpace, MyVideo oder Vimeo außer Acht gelassen werden, ist leicht zu beantworten: weil YouTube Marktführer ist. Ebenso wie Google bei den Suchmaschinen mit mehr als 90 Prozent Marktanteil die unangefochtene Nummer eins ist, so genießt YouTube weltweit die größte Popularität. Allein in Deutschland ist das Portal mit 34 Millionen Unique Visitors die beliebteste Videoplattform Deutschlands (siehe Abbildung 2.1) – Tendenz steigend.

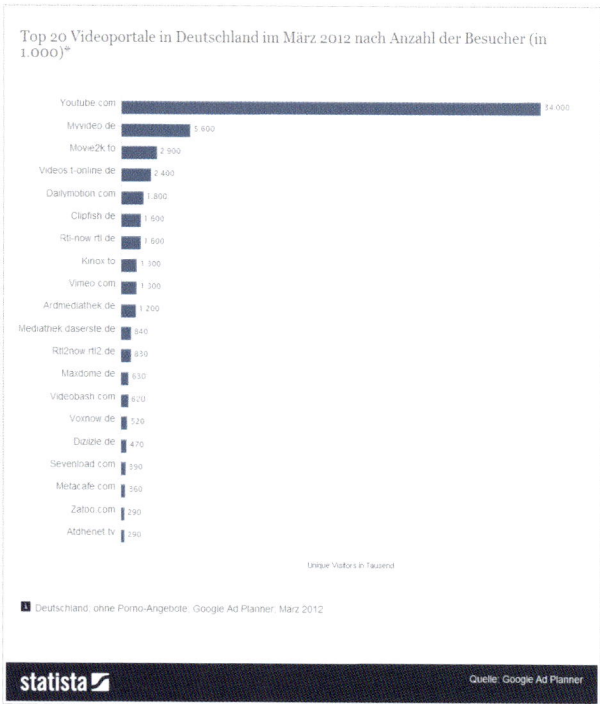

***Abb. 2.1:*** Unique User der Top 20 Videoportale in Deutschland (Quelle: Google Ad Planner, Stand März 2012)

Um sich der Bedeutung von YouTube bewusst zu werden, ist eine Betrachtung der Geschichte des Videokanals lohnenswert. Sie gibt einen tiefen Einblick in die Popularität des Kanals und veranschaulicht den Erfolgsfaktor auf ganz eigene Weise. Denn wenn man den Mythen rund um YouTube Glauben schenken will, gaben Janet Jacksons Nippel der Idee einer Onlinevideoplattform den Hauch des Lebens.

# 2.1    Geschichte von YouTube

Wer ist eigentlich dieser YouTube, der das Internet und die Welt der (Unternehmens-)Kommunikation so auf den Kopf gestellt hat? Ein Blick auf die Geschichte des Unternehmens hilft dabei zu verstehen, wie sich YouTube innerhalb von weniger als zehn Jahren zum Leitmedium der Bewegtbilder entwickeln konnte.

Der 14. Februar 2005 war der Startschuss von YouTube. Die drei ehemaligen PayPal-Mitarbeiter Jawed Karim, Steve Chen und Chad Hurley gründeten die Videoplattform mit dem Ziel, schnell und unkompliziert den Upload und die Bereitstellung von Videoformaten zu ermöglichen – für jedermann und jederzeit. Und was hat das Ganze mit dem angekündigten »Nippelskandal« zum Superbowl im Jahr 2004 zu tun? Laut einem Artikel in »Die Welt« ärgerte sich Mitgründer Karim so sehr darüber, dass nirgendwo im Internet eine Szene des spektakulären Kostümverrutschers zu finden war, dass er sich entschloss, eine Plattform für eben solche Onlinevideos zu schaffen.[9]

Mit dem Namen YouTube (englisch für du Röhre) ging das Format im Internet ans Netz, anfangs jedoch mit eher schleppendem Erfolg. In einem SPIEGEL-Interview[10] berichtete Jawed Karim beispielsweise davon, dass einen Monat nach dem Start-up lediglich 50 bis 60 Videos auf YouTube erreichbar waren. Das allererste Video auf YouTube, gepostet von Jawed Karim, zeigt ihn vor dem Elefantengehege eines Zoos[11]. Nichts deutete

---

9. *http://www.welt.de/wirtschaft/webwelt/article106519466/Youtube-zaehlt-mehr-als-103-000-Video-Stunden-pro-Tag.html*

10. *http://www.spiegel.de/wirtschaft/vergessener-youtube-gruender-multimillionaer-im-hoersaal-a-442251.html*

11. *http://www.youtube.com/watch?v=jNQXAC9IVRw*

darauf hin, dass solch ein Format circa anderthalb Jahre später für eine Rekordsumme von Google gekauft wird.

**Abb. 2.2:** Jawed Karim auf dem ersten YouTube-Video überhaupt

Umgerechnet 1,31 Milliarden Euro: So viel war es dem Suchmaschinenbetreiber Google Wert, am 9. Oktober 2006 für YouTube auf den Tisch zu legen. Wie kam es dazu? Der Suchmaschinenriese erkannte schon sehr früh, dass YouTube einen starken Konkurrenten zur eigenen Plattform »Google Videos« darstellte. Nicht nur dass Karims, Chens und Hurleys Portal bei den Usern beliebter war: Die soziale Komponente bei YouTube war zur damaligen Zeit viel ausgereifter als beim Suchmaschinenriesen. Es war deshalb die einzig richtige Entscheidung, in dieses noch sehr junge Projekt zu investieren und das Potenzial des Videoportals für eigene Zwecke zu nutzen.

Seit YouTube unter Googles Fittichen ist, wurde das Design von YouTube kaum nennenswert verändert. Wie auch die Google-Suchfunktion besticht das Videoportal durch Simplizität. Nachdem im Februar 2011 YouTube an alle anderen Google-Dienste gekoppelt wurde, erfolgte am 2. Dezember desselben Jahres der Launch eines komplett neuen Aussehens. Im März 2012 erhielten alle YouTube-Channel ein einheitliches Design.

# 2.2 Aufbau und Struktur

Wie der Suchmaschinenriese selbst setzt YouTube ebenfalls auf eine klare Struktur. Denn durch seine Simplizität in Design und Usability ermöglicht das Videoportal vielen Usern den Einstieg in die bunte Welt der Onlinevideos. Klare Strukturen führen zu klarem Klickverhalten – außerordentlich positive Aspekte für YouTube. Letztlich bedeutet ein millionenstarkes Publikum eine gute Einnahmequelle. Obgleich YouTube aktuell für jedermann kostenlos ist, gibt es neben den reinen Onlinevideos auch die Möglichkeit, kostenpflichtige Werbung zu schalten. Diese wird meist als Clip vor dem eigentlichen Video angezeigt. Mehr Videos bedeuten mehr Platz für kostenpflichtige Werbung und somit mehr Umsatz für YouTube. Klingt logisch oder?

Da dieses Buch jedoch nur die kostenfreien Möglichkeiten von YouTube aufzeigen will, behalten Sie diese Information zwar im Hinterkopf, jedoch wenden Sie sie nicht für Ihr Videomarketing an. Auch ohne kostenpflichtige Werbung à la Google AdWords lassen sich außerordentliche Ergebnisse mit YouTube-Marketing erzielen. Als Einstieg ist es sinnvoll, sich einen Überblick über YouTube zu verschaffen, bevor man ohne konkretes Ziel loslegt.

## 2.2.1 Startseite

Klicken Sie auf *www.youtube.de* und Sie erhalten die Startseite des Portals. Jetzt, nachdem Sie das erste Mal diese URL aufgerufen haben, sehen Sie die jungfräuliche Form, da die Website noch kein Profil von Ihnen erstellt hat und Ihnen keine Videos je nach Interessensgebiet zuordnen kann. Diesen Fall haben Sie auch im klassischen Suchmaschinenmarketing: In Bannerwerbung beispielsweise bekommen Sie Artikel und Inhalte angezeigt, die sich an Ihrem Klickverhalten orientieren. Haben Sie beispielsweise in einem Onlineshop nach Schuhen geschaut, werden Ihnen passend dazu Werbeanzeigen auf anderen Websites angezeigt. Des gleichen

Modells bedient sich YouTube. Merkt die zweitgrößte Suchmaschine, dass Sie sich für Clips zum Segelfliegen interessieren, bekommen Sie solche Inhalte bevorzugt angezeigt.

Doch zunächst sind wir ja bei der reinen, unschuldigen YouTube-Ansicht. Die Website lässt sich in vier wichtige Abschnitte einteilen. In Abbildung 2.3 sehen Sie anhand der rot hinterlegten Zahlen, welche Abschnitte von Bedeutung sind: Beliebteste Videos (1), Anmeldefeld (2), angesagte Videos mit großem Vorschaubild (3) und das Suchfeld (4).

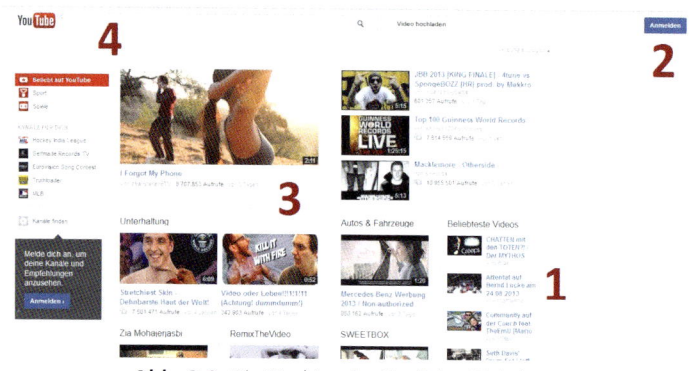

**Abb. 2.3:** Die Struktur der YouTube-Website

Zusätzlich bietet das Videoportal selbstverständlich allerlei Bewegtbildinhalte, die in verschiedene Interessensgebiete aufgeteilt sind. In diesem Fall hat YouTube dem Profil Interessen zugeschrieben, sodass beim ersten Besuch Videos aus dem Bereich Unterhaltung, Autos und Fahrzeuge sowie Spiele angezeigt wurden.

## 2.2.2 YouTube-Suchergebnisseiten

Sicherlich ist die Startseite für viele YouTube-Besucher ein guter Einstieg, da hier beliebte Videos angezeigt werden. Doch nicht umsonst hat sich YouTube als Suchmaschine Nummer zwei weltweit etabliert. Das zeigt ganz deutlich, dass nicht die »Zufallstreffer« die starke Popularität des Videoportals ausmachen, sondern die Suchfunktion. Das Tolle an YouTube: Von jeder Seite aus können Sie einen Suchbegriff eingeben – das entsprechende Feld befindet sich immer im oberen Drittel der Seite, gleich unter dem Header.

Versuchen Sie Ihr Glück und entdecken Sie das Potenzial von YouTube. Das Praxisbeispiel in Abbildung 2.2 zeigt, dass selbst der Suchbegriff »Kurierdienst«, ein wohl eher untypischer Begriff für ein Videoportal, Ergebnisse bringt. Das Angebot von YouTube wird von den entsprechenden Dienstleistern gerne angenommen und auf den vorderen Positionen befinden sich zwei lokale Unternehmen, die Videomaterial über ihre Kurierfahrten anbieten.

***Abb. 2.4:*** So werden Suchergebnisse bei YouTube angezeigt.

Zu erkennen ist dabei, dass die linke Spalte sich nicht verändert. Auch auf der Suchergebnisseite versucht YouTube, an das Interessensprofil angepasste Kanäle vorzuschlagen. Für Sie als Marketingverantwortlicher, der vorhat, einen ebensolchen mithilfe dieses Buches aufzubauen, sind das gute Nachrichten, denn genau dort könnte Ihr Kanal bald angezeigt werden.

Rechts daneben befinden sich die Videos mit einem kleinen Vorschaubild, dem sogenannten Thumbnail, und einer Kurzbeschreibung, bestehend aus Videotitel, Videobeschreibung und einigen Daten zum Video selbst, zum Beispiel Kanalname, Veröffentlichungsdatum und Seitenaufrufe. Mit dieser Ansicht gelingt es dem Suchenden, sich ein erstes Bild von den Videos zu machen und einzuordnen, ob das Ergebnis seiner Suchanfrage entspricht. Handelt es sich in unserem Fall um einen Unternehmer, der eine Ware von A nach B transportieren möchte und auf YouTube einen Dienstleister sucht, fällt das zweite Ergebnis raus, da es sich hierbei um eine Fernsehshow handelt.

In Sekundenschnelle erhält der User alle Informationen, die er benötigt, um die Relevanz der Suchergebnisse einzuschätzen. Ein aussagekräftiges Vorschaubild ist hier sehr wichtig, ebenso wie ein einprägsamer Titel. Nicht zu unterschätzen ist aber auch der Subtitle – der Titel des YouTube-Kanals. Und wenn wir schon dabei sind…

## 2.3    Account anlegen

Ein YouTube-Konto für das Unternehmen einzurichten, ist denkbar einfach. Wie wir bereits festgestellt haben, freut sich YouTube über jeden neuen Nutzer, der dem Netzwerk beitreten möchte, und entsprechend barrierearm ist der Weg dorthin. Direkt auf der Startseite findet der User einen Anmelde-Button, um einen Unternehmenskanal zu registrieren (Abbildung 2.5):

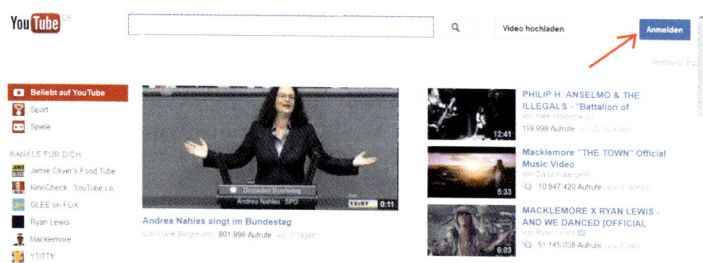

***Abb. 2.5:*** Oben rechts in Header-Bereich der Seite gibt es den »Anmelden«-Button.

Anschließend besteht die Wahl zwischen der Erstellung eines komplett neuen Google-Kontos oder – falls vorhanden – der Verknüpfung mit einem bereits existierenden Konto. Dies ist beispielsweise der Fall, wenn das Unternehmen einen Google+-Account pflegt oder bereits eine E-Mail-Adresse mit einem Google-Konto verknüpft hat. Gehen wir jedoch zunächst davon aus, dass es für den Marketingverantwortlichen das erste

Mal ist, dass er mit diesen sozialen Netzwerken in Berührung kommt. Klicken Sie deshalb im oberen Bereich auf das rote Feld »Konto erstellen« und Sie gelangen im Anschluss zu folgender Ansicht:

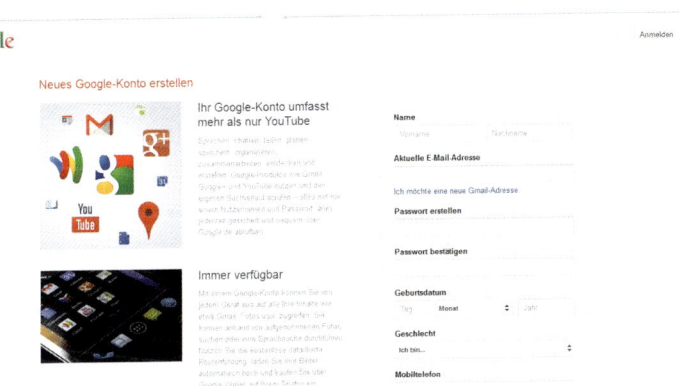

***Abb. 2.6:*** Mit der Anmeldung auf YouTube erstellen Sie ein Google-Konto.

Nachdem alle Angaben ordnungsgemäß ausgefüllt wurden und Sie auf »Absenden« gedrückt haben, sind Sie offizieller Besitzer eines Google-Kontos. Damit haben Sie die Eintrittskarte für YouTube und Videomarketing in der Tasche, jedoch kommt es auf Feinheiten an, um gleich von Anfang an mit voller Kraft durchzustarten. Zunächst besitzt der Kanal alle Standardeinstellungen. Er läuft noch auf Ihren persönlichen Namen und hat keinerlei Verbindung zum Unternehmen.

Meldet man sich das erste Mal mit seiner bei YouTube angegebenen E-Mail-Adresse an, befindet sich im oberen Bereich der Username. Mit einem Klick darauf öffnet sich das Konto-Menü. Hier haben Sie die Wahl zwischen folgenden Optionen (siehe Abbildung 2.7):

| YouTube | Google-Konto |
|---|---|
| Mein Kanal | Profil |
| Video-Manager | Google+ |
| Abos | Datenschutz |
| YouTube-Einstellungen | Einstellungen |

*Abb. 2.7:* Mit einem Klick auf Ihren Namen gelangen Sie zu den Einstellungen.

Um den Grundstein für erfolgreiches Videomarketing zu legen, ist in erster Linie der Punkt »Mein Kanal« entscheidend. Auf der darauf folgenden Seite können Sie nun einen Unternehmensnamen wählen. Dies ist von entscheidender Bedeutung.

## 2.3.1 Kanalname

Ein aussagekräftiger Name für den Unternehmens-Channel ist eines der wichtigsten Dinge, die es beim Aufbau zu beachten gibt. Sie mögen denken, dass sich dies von selbst versteht, doch es gibt unzählige Beispiele auf YouTube, dass dies nicht der Fall ist. Daher eine Situation aus der Praxis:

Als Innenausstatter planen Sie, Ihre Einrichtungsideen zu visualisieren und auf YouTube einem breiten Publikum zur Verfügung zu stellen. Nachdem Sie den Anmeldeprozess durchlaufen haben, wählen Sie den Namen »Raumtraum123«, denn schließlich verwirklichen Sie mit Ihren Innenausstattungen Träume! Versetzen Sie sich jedoch in die Lage eines Kunden. Falls jemand nach Einrichtungsideen sucht, wird er wohl kaum auf einen YouTube-Kanal klicken, unter dem er sich nichts vorstellen kann. Ebenso ist es eher hinderlich, Ihren Firmennamen + Marketing zu verwenden, da dies eine klar werbliche Aussage vermittelt, was ein wenig dem sozialen, lebendigen Charakter der Plattform widerspricht.

Die goldene Regel eines Unternehmens-Channels bei YouTube: Geben Sie dem Kind einen Namen, der auch jedem verständlich ist. Wenn Ihr Kanal und später Ihre Videos auf »Innenausstattung« gefunden werden sollen, dann benutzen Sie dieses Wort auch in Ihrem Namen.

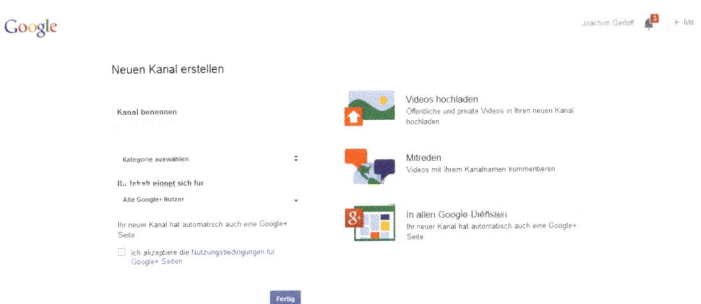

**Abb. 2.8:** Geben Sie Ihrem YouTube-Kanal einen aussagekräftigen Namen.

Nachdem der neue Name bestätigt wurde, werden der vorherige Vor- und Nachname ersetzt. Anstatt Joachim Gerloff wird in meinem Kanal der Ausdruck »YouTube Buch 2013« verwendet. Da der Kanalname auf der gesamten Website verwendet wird, das heißt in der Suche, in den Kanalkategorien sowie in den vorgeschlagenen Kanälen, ist mit dieser neuen Bezeichnung die Grundlage geschaffen worden, dass der Kanal zu Begriffen wie YouTube angezeigt wird.

---

## Wichtig

Da der Name des Unternehmenskanals nicht mit der URL identisch ist, können Sie ihn später noch einmal abändern. Das gibt Ihnen die Möglichkeit, auszuprobieren, welcher Name am effektivsten ist.

---

## 2.3.2 Profiltext

Mit der Auswahl eines prägnanten Namens haben Sie dem Buch einen Titel gegeben. Nun fehlt nur noch ein Klappentext, der den Usern verrät, worum es sich bei Ihrem YouTube-Kanal handelt. Hierfür hat die weltweit größte Videoplattform einen eigenen Bereich geschaffen, der es ermöglicht, umfassende Informationen über das Unternehmen bereitzustellen.

Um die Angaben im Unternehmenskanal zu editieren, klicken Sie wieder oben rechts auf Ihren Namen. Das Einstellungs-Menü erscheint und abermals gehen Sie in den Bereich »Mein Kanal«. Hier gibt es den Reiter »Über uns« – an dieser Stelle sollten Sie anfangen.

***Abb. 2.9:*** Unter »Mein Kanal« können ein Beschreibungstext und Links hinterlegt werden.

Unter Kanalbeschreibung sollte ein Beschreibungstext des Unternehmens hinterlegt werden. Wie auch bei der klassischen Suchmaschinenoptimierung ist es wichtig, relevante Suchbegriffe zu verwenden. Wird beispielsweise beabsichtigt, im Unternehmenskanal Videos einer Druckerei zu veröffentlichen, sollten häufig abgefragte Suchbegriffe in diesem Feld hinterlegt werden. Zu vermeiden ist dabei die wahllose Aneinanderreihung der Keywords. Bedenken Sie: Der Beschreibungstext gibt dem User einen Einblick in Ihre Arbeit. Ein informativer Text ist da sicherlich ansprechender als eine Liste von Wörtern.

Hilfe bieten hier die eigene Internetpräsenz und Imagebroschüren, die sonst nur an Kunden gegeben werden. Sie enthalten wichtige Informationen zum Unternehmen und dem Leistungsspektrum. Welche Keywords tatsächlich häufig abgefragt werden, können Sie mit einfachen Mitteln überprüfen. Mehr dazu erfahren Sie im fünften Kapitel, wenn es um die Optimierungsmöglichkeiten der hochgeladenen Videos geht.

Das Wichtigste über Ihren Unternehmenskanal sollte zu Beginn stehen. Nicht nur, dass Sie den User damit thematisch abholen: Die ersten Wörter der Kanalbeschreibung erscheinen am häufigsten auf der YouTube-Website und sind für die Auffindbarkeit des Channels sehr entscheidend.

## Wichtig

Mogeln und abschreiben ist nicht drin! YouTube ist als Suchmaschine sehr klug und weiß, wenn Sie eine Beschreibung verwenden, die nicht zum Themengebiet der hochgeladenen Videos passt. Spätestens jedoch wenn die User Ihre Inhalte nicht ansehen, sind Sie bei YouTube unten durch.

## 2.3.3 Links

Der Reiter »Links« ist einer der bedeutendsten Bereiche Ihres YouTube-Kanals, da es sich neben dem Beschreibungsfeld im jeweiligen Video um die einzige Stelle handelt, an der Sie eine Verlinkung zu Ihrer Website positionieren können. Ein Link auf die Unternehmenspräsenz sollte auf jeden Fall erstellt werden, ebenso wie Verweise auf Social-Media-Kanäle wie Facebook, Twitter oder Instagram.

Für den Besucher Ihres Kanals stellt der Hinweis auf eine Website, einen Blog oder verschiedene soziale Netzwerke ein Zusatzangebot dar, mit Ihnen zu kommunizieren. Hat er beispielsweise eine Frage zu einem veröffentlichten Video oder möchte Zusatzinformationen über eine Produktreihe erfahren, gelangt er mit nur einem Klick auf die entsprechende Website. Somit kann das Einbinden von Links zu einer Steigerung des Traffics führen – ein positiver Effekt, der auf jeden Fall berücksichtigt werden sollte.

Des Weiteren stellen Verlinkungen von externen Websites ein nicht zu unterschätzendes Bewertungskriterium für Suchmaschinen dar. Sie werden als Empfehlung für hochwertigen Inhalt angesehen. Verweisen beispielsweise verschiedene Internetquellen auf eine Website, ist dies für Google & Co ein Indiz, dass die Texte, Bilder und Videos auf dieser Website besonders relevant für eine gewisse Zielgruppe sind; dies wird entsprechend mit einer hohen Grundsichtbarkeit im Internet sowie mit guten Rankings auf Keywords belohnt.

Gründe für das Einfügen von Links gibt es also zur Genüge. Unterschieden wird im YouTube-Kanal zwischen benutzerdefinierten Links und Links zu sozialen Netzwerken. In der ersten Gruppe können Sie zu einem Verweis auf eine URL einen individuellen Linktitel von maximal 30 Zeichen angeben. Bis zu zehn solcher Verlinkungen sind möglich. Klicken Sie hierzu einfach auf das Feld »Hinzufügen«. In der zweiten Gruppe haben Sie die Möglichkeit, Ihre sozialen Aktivitäten mit Ihrem YouTube-Kanal zu verknüpfen. 18 verschiedene soziale Netzwerke stehen zur Auswahl (siehe Abbildung 2.10):

*Abb. 2.10:* Wählen Sie ein soziales Netzwerk und fügen Sie die entsprechende URL ein.

---

### Wichtig

Da YouTube ebenfalls ein soziales Netzwerk ist und das Teilen, Verbreiten und Empfehlen von Inhalten dadurch exponentiell gesteigert wird, sollten Sie auf jeden Fall mindestens ein soziales Netzwerk mit Ihrem YouTube-Kanal verknüpfen. Dadurch können Sie Ihre Social-Media-Aktivitäten miteinander verbinden und Ihre Videos schneller verbreiten.

---

## 2.3.4   Kanalbild

Die Grundvoraussetzungen für einen erfolgreichen YouTube-Kanal sind mit den Textoptimierungen gegeben. Damit der Channel jedoch auch optisch aufgewertet wird und zu Ihrer Corporate Identity (CI) passt, fehlt noch ein geeignetes Bild. Seit März 2013 werden an dieses Kanalbild

Anforderungen gestellt, die mit den hochauflösenden Retinadisplays oder Fernsehbildschirmen in Zusammenhang stehen. Entsprechend wichtig ist es, das Kanalbild in einer sehr guten Qualität zu liefern.

YouTube selbst spricht zu den Bildern für einen Unternehmenskanal eine Empfehlung aus. In den Richtlinien für Kanalbilder[12] werden 2560 x 1440 Pixel empfohlen, um optimale Ergebnisse auf allen Geräten zu erreichen. Je nach Bildanzeige im PC-Browser, auf dem Tablet oder Smartphone wird ein anderer Ausschnitt sichtbar. Diese flexible Breite des Titelbilds bietet einen entscheidenden Vorteil für Sie als Kanalbetreiber: Mit diesen Vorgaben müssen Sie sich keine Sorgen machen, wie die Ansicht auf verschiedenen Endgeräten ist.

Zurück zur Praxis! Wenn Sie auf »Kanalbilder hinzufügen« klicken, haben Sie drei Auswahlmöglichkeiten:

1. Fotos hochladen

   Wählen Sie die erste Option, um Bilddateien von Ihrem Computer oder einem Speichermedium (zum Beispiel einem USB-Stick oder einer externen Festplatte) auszuwählen.

2. Meine Fotos

   Klicken Sie auf diesen Bereich, wenn Sie bereits veröffentlichte Bilder aus Ihrem Google+-Profil ebenfalls für den YouTube-Kanal verwenden möchten. Beide Bilddateien sollten der Unternehmens-CI entsprechen.

3. Galerie

   Mit der Galeriefunktion können Sie zwischen verschiedenen Vorlagen auswählen. Diese Option ist nur dann zu wählen, wenn Sie wirklich noch keine eigene Bildvorlage haben, da der YouTube-User mit einem Blick sieht, dass die Standardlösung gewählt wurde.

   Bei allen Auswahlmöglichkeiten müssen die Mindestanforderungen in Bezug auf die Pixelanzahl erfüllt werden, damit das Kanalbild akzeptiert wird. Andernfalls erhalten Sie eine Fehlermeldung, die Ihnen die korrekten Angaben nochmals nennt (siehe Abbildung 2.11):

---

12. *https://support.google.com/youtube/answer/*
    *2972003?topic=16630&ctx=topic&hl=de*

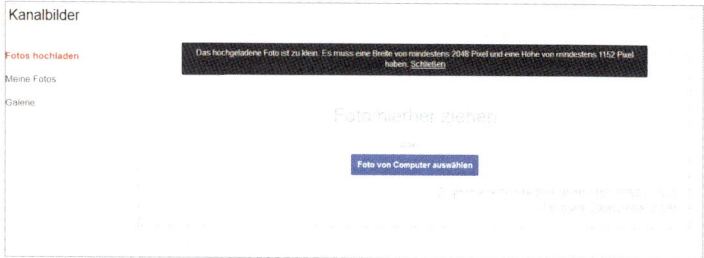

***Abb. 2.11:*** Die Grafik muss mindestens 2048 x 1152 Pixel haben.

Nachdem der Upload erfolgreich abgeschlossen wurde, können Sie mit dem Kanalbild-Tool auswählen, wie die Grafik auf Desktops (PC), auf Mobilgeräten (Tablet, Smartphone) oder auf dem Fernseher angezeigt wird. Hier gibt es keine Empfehlung, was die beste Lösung ist. Es muss zum Unternehmen passen und letztlich ist dies eine sehr persönliche Entscheidung.

---

### Wichtig

Vergessen Sie nicht, unter »Links« einen Verweis anzugeben, der direkt mit dem Kanalbild verbunden ist (siehe Abbildung 2.12). Dies ist eine sehr naheliegende Möglichkeit, eine Verlinkung vorzunehmen. Idealerweise verwenden Sie hier die Unternehmens-Website.

---

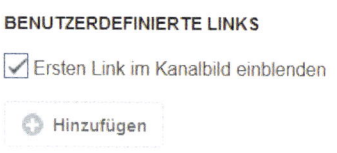

***Abb. 2.12:*** Einen Link können Sie im Kanalbild einblenden

# 2.4 Zusammenfassung

Der Schritt zu einem eigenen Unternehmenskanal auf YouTube ist denkbar einfach. Dennoch ist es besonders für Einsteiger ratsam, sich einen Überblick zu verschaffen, was YouTube eigentlich kann und wie das Portal in sich aufgebaut ist. Das Prinzip der Online-Videoplattform ist es, so vielen Menschen wie möglich den Eintritt in die bunte Welt der Videos zu erleichtern. Das ist zwar schön und gut, jedoch sollten Sie von Anfang an bedacht an das Thema YouTube-Marketing herangehen, damit Sie Ihre Möglichkeiten gleich von Beginn optimal nutzen.

Ohne eigenen Unternehmenskanal wird es nichts mit dem Hochladen eigeneder Videoinhalte. Dank der Step-by-Step-Anleitung kann sich jeder User ein Google-Konto und somit einen Channel anlegen. Alternativ ist die Verknüpfung eines bereits bestehenden Google-Kontos die Eintrittskarte in das Videomarketing.

Sinnvoll ist es, als ersten Schritt nach der Anmeldung den Kanalnamen anzupassen. Suchen Sie sich hierfür einen kurzen, einprägsamen Titel aus, der genau das ausdrückt, was die Besucher erwarten. Idealerweise enthält der Kanaltitel eines der Haupt-Keywords, mit dem Sie in der YouTube-Suche gefunden werden möchten.

Eine aussagekräftige Kanalbeschreibung sollte anschließend realisiert werden. Arbeiten Sie hierbei insbesondere mit Schlüsselbegriffen, mit denen Sie gefunden werden möchten. Dennoch sollte die Beschreibung auch tatsächlich das widerspiegeln, was Sie in Ihrem Unternehmenskanal an Onlinevideos bereitstellen möchten.

Vernetzt zu sein, ist nicht nur im Berufsleben von Vorteil, sondern auch im Onlinemarketing. Nutzen Sie die vorgegebenen Möglichkeiten, Websites, Blogs oder soziale Netzwerke wie Facebook, Google+ und Co mit Ihrem YouTube-Kanal zu verbinden. Für die verlinkten Seiten bedeutet dies einen wertvollen Backlink, aber auch die Chance, wertvolle Interessenten mit ausführlichen Informationen zu beliefern – und dadurch letztlich zu Kunden zu machen.

Zu guter Letzt sollte ein Kanalbild im Corporate Design des Unternehmens eingefügt werden. Zum einen hat es einen hohen Wiedererkennungswert für User, die Ihren Betrieb in welcher Form auch immer schon kennen. Zum anderen vermittelt es Usern ohne Bezug eine persönliche Ebene des Kundenkontakts.

# 2.5    Drei Fragen an...

Andreas Graap, Online-Marketingberater und Internetunternehmer seit 1997. Er hat bereits mehrere Onlineunternehmen gegründet und erfolgreich an meist börsennotierte Gesellschaften verkauft. Andreas hält regelmäßig Vorträge auf Konferenzen und veröffentlicht Fachartikel zum Beispiel im Handelsblatt oder bei FOCUS Online.

**Unternehmen auf YouTube: Was ist der erste Schritt, den Sie empfehlen, und wie gehen Marketingverantwortliche am geschicktesten vor?**

Fragen Sie sich als Erstes, warum Sie überhaupt auf Youtube wollen. Am wichtigsten ist es, dass Sie sich Ziele setzen, die mit dem Aufbau eines YouTube-Kanals erreicht werden sollen und darauf aufbauend einen Content-Plan zu erstellen. Mit welchen Inhalten wollen Sie Ihre Zuschauer begeistern? Achten Sie darauf, dass Ihre Videos nicht zu lang werden und in den ersten paar Sekunden direkt kommuniziert wird, was im Video zu erwarten ist. Fordern Sie innerhalb des Videos auf, Ihren Kanal zu abonnieren und verlinken Sie am Ende des Videos weitere relevante Videos von Ihnen. Ein Schlüssel zum Erfolg liegt auch in der regelmäßigen und kontinuierlichen Veröffentlichung von Videos, denn laut der YouTube-Studie von webvideo.com[13] erfolgen zwei Drittel der Aufrufe auf Archivvideos und nicht auf aktuelle Videos.

**Wie findet man den passenden Kanalnamen?**

Ein Kanal repräsentiert Ihr Unternehmen. Er sollte also, genauso wie Ihre Domain, immer aus dem Unternehmensnamen bestehen. Optimierung auf relevante Keywords macht keinen Sinn. Dafür sind die Videos hervorragend geeignet. Zumal ein Kanalname mit kombiniertem Keyword wie youtube.com/bmw-auto-kaufen nicht gerade seriös wirkt.

**Was ist Ihr Geheimtipp für die Kanaloptimierung?**

Ziel einer Optimierung der Kanalseite sollte immer die Abonnentengewinnung sein. Denn Abonnenten erfahren automatisch von neuen Videos und schauen diese laut einer Studie von Youtube auch 50 Prozent länger an als Nichtabonnenten. Richten Sie sich deshalb unbedingt ein Kanalvideo ein. Die Funktion dafür ist allerdings recht versteckt. Im Kanalvideo zeigen Sie,

---

13. *http://webvideo.com/de/youtube-studie/*

was den Besucher bei Ihnen erwartet, weshalb Ihre Videos für ihn einen Nutzen bringen und fordern ihn unbedingt dazu auf, Ihren Kanal direkt zu abonnieren. Dazu eignen sich auch Invideo-Programmierung oder Anmerkungen innerhalb des Kanalvideos.

# 2.6    Checkliste

Haben Sie alles verinnerlicht und sind YouTube ein Stückchen nähergekommen? Wenn Sie bei den nachfolgenden Aussagen einen Haken setzen können, geht es weiter zum nächsten Kapitel.

❑ **Struktur:** Ich habe verstanden, wie YouTube aufgebaut und ist und wie die Onlinevideos im Portal angezeigt werden.

❑ **Anmeldung:** Ich habe mich erfolgreich bei YouTube angemeldet beziehungsweise mein bestehendes Google-Konto mit YouTube verknüpft.

❑ **Kanaltitel abändern:** Ich habe dem Unternehmenskanal einen aussagekräftigen Titel gegeben.

❑ **Profil schärfen:** Der Unternehmenskanal verfügt nun über einen individuellen Profiltext, der einen Einblick in das Unternehmen sowie das Leistungs- oder Produktportfolio gibt.

❑ **Verlinkungen:** Ich habe Verknüpfungen zur Unternehmenswebsite sowie zu sozialen Netzwerken wie Facebook, Twitter oder Google+ eingerichtet.

❑ **Kanalbild:** Ich habe ein ansprechendes Kanalbild ausgesucht, das die Corporate Identity des Unternehmens widerspiegelt.

# Kapitel 3

# Themen finden

Jetzt wo Sie wissen, wie ein Unternehmenskanal angelegt wird, kann es doch eigentlich direkt an die Videoproduktion gehen, oder? Halt, stopp! (Übrigens ein gutes Beispiel, wie schnell die YouTube-Gemeinde auf Videoinhalte reagiert – geben Sie die Begriffe mal in die Videosuche ein). Wie bei allen anderen Marketingdisziplinen empfiehlt es sich nicht, mit dem Kopf durch die Wand zu wollen. Insbesondere wenn Videomarketing bisher keine bis kaum Beachtung im Unternehmen bekommen hat, lohnt sich eine strategische Vorgehensweise. Dies hilft Ihnen nicht nur dabei, die notwendigen Ressourcen freizuschaufeln, sondern auch bei der Themen-suche für relevante Inhalte. Denn spätestens jetzt sollte bei Ihnen die Frage aufkommen: Was für Onlinevideos möchte ich eigentlich im Unterneh-menskanal bereitstellen?

# 3.1 Interessante Themen für das Unternehmen

»Über unser Unternehmen gibt es nichts zu berichten!« Erinnern Sie sich noch an die Ausreden im ersten Kapitel, die zu den Standardaussagen vie-ler Werbetreibender gehören? Dies ist eine davon und die einfachste Methode, Videomarketing für das eigene Unternehmen nicht anzupa-cken. Man nehme etwas Engagement, Kreativität und Fleiß – und fertig sind Ideen für attraktive Onlinevideos, die ein großes Publikum anspre-chen. Denn jedes Unternehmen, jeder Kleinbetrieb und jede noch so kleine Selfmade-Company kann die Möglichkeiten von YouTube-Marke-ting für sich nutzen und so zusätzliche User auf Produkte und Dienstleis-tungen hinweisen. Hierbei ist einzig und allein die Herangehensweise wichtig. Ungünstig ist es, wenn Sie in Ihrem Bürostuhl sitzen und warten, bis relevante Themen zu Ihnen getragen werden. Seien Sie aktiv und fin-den Sie interessante Inhalte für Ihren Unternehmenskanal.

Im Folgenden werden die »Ideengeber« für Ihre Onlinevideos in den Online- und den Offlinebereich unterteilt. Gerade die klassischen Medien wie Print oder TV lassen sich ausgezeichnet in Videomarketing transferieren.

## 3.1.1 Onlinequellen

Ebenso viel Potenzial, wie in Onlinevideoinhalten zu finden ist, steckt auch in der schier unendlichen Welt des World Wide Web. Denn häufiger, als Sie glauben, nutzen Sie Onlinequellen als Ideengeber. Sie suchen kreative Kos-tüme für den Karneval? Sie suchen im Internet danach. Sie wollen Ihren

Partner mit einem Nachtisch überraschen? Das Rezept dazu finden Sie online. Und ebenso verhält es sich mit kreativen Ideen und Themen für Ihre Onlinevideos. Verabschieden Sie sich von dem Gedanken, die Welt des Videomarketings von Grund auf neu zu erfinden. Sicherlich verbreiten sich neuwertige, innovative Formate schnell über die Videoplattform, denn das Spektakuläre reizt die Zuschauer. Dennoch sind es auch die klassischen Dinge, die überzeugen. Eine Anleitung zum Krawattenbinden bietet dem User einen echten Mehrwert und wenn das Video gut gemacht ist, werden die User es auch ansehen.

Nutzen Sie die breite Vielfalt des Internets, um Themen für Ihren YouTube-Kanal zu finden. Da draußen gibt es allerhand Onlinequellen mit spannenden Inhalten:

### 1. Fachblogs und Foren

Eine der wichtigsten Maßnahmen bei der Themenfindung ist es, Fachblogs zu untersuchen. Wo, wenn nicht dort, werden Themen und Produkte diskutiert, die bei den Usern ankommen? Diese Form des Social Media Monitorings ist auch ohne kostenintensive Tools durchführbar und gibt der Marketingabteilung eine gute Übersicht, welche Sachverhalte zu Produkten oder Dienstleistungen überhaupt relevant sind.

Schauen Sie einfach in einen branchenrelevanten Blog und erfahren Sie, was die Käufer Ihrer Produkte oder Nutzer Ihrer Dienstleistungen beschäftigt. Auf frag-mutti.de beispielsweise lassen sich Dutzende Userfragen finden, wie Kaffeemaschinen verschiedener Hersteller richtig entkalkt werden (siehe Abbildung 3.1).

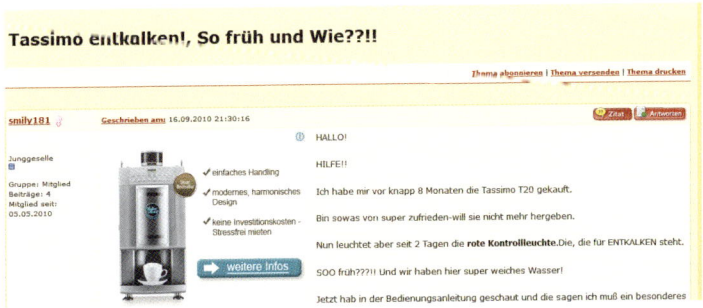

***Abb. 3.1:*** User fragen User nach Hilfe für die Kaffeemaschine.

Bei einem Verkäufer von Elektrogeräten oder auch einem Kaffeemaschinenhersteller sollte es hier »Klick« machen und die Ideen für das erste eigene YouTube-Video sollten nur so sprudeln.

## 2. RSS-Feeds und Google Alerts

Sie haben Angst, die neuesten Trends aus Ihrer Branche zu verpassen? RSS-Feeds (Newsticker) tragen Neuigkeiten aus Ihrem Geschäftsfeld direkt an die Strategietische der Marketingabteilungen. Ohne viel Aufwand lassen sich so vor allem aktuelle Themen zu Ihrem Marktsegment finden und in Form von Onlinevideos an Ihre Interessenten weitergeben. Sind sie beispielsweise in der Energieberatung tätig, sind Newsmeldungen aus dem Bereich erneuerbare Energien oder die Einführung eines neuen Gesetzes wichtige Informationen, die in Videoinhalte verpackt einen großen Mehrwert für den User darstellen. Ein Beispiel hierfür ist die EnergieAgentur NRW, die im Bereich der Energie ein umfassendes Angebot an RSS-Feeds anbietet (siehe Abbildung 3.2):

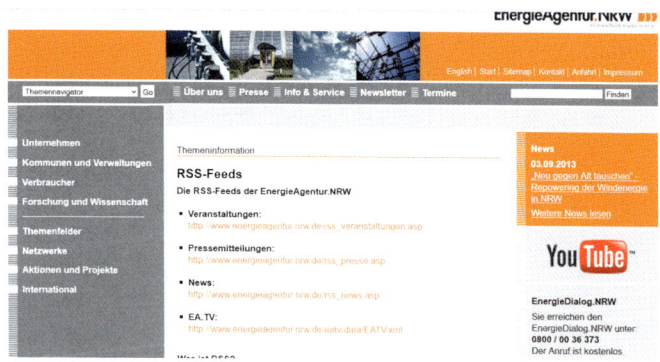

***Abb. 3.2:*** Die EnergieAgentur NRW bietet den Besuchern Ihrer Website umfassende Informationen in Form von RSS-Feeds und ist selbstverständlich auch auf YouTube vertreten.

Recherchieren Sie nach für Sie relevanten RSS-Kanälen und abonnieren Sie diese. Das gibt Ihnen einen guten Input an aktuellen Themen, die Ihre Zielgruppe beschäftigt. Kombinieren Sie hierzu einfach den Suchbegriff »RSS-Feed« mit einem Oberbegriff Ihrer Branche, zum Beispiel Energie, Mode etc.

Ebenso verhält es sich bei Google Alerts: Richtet sich ein Immobilienmakler eine der praktischen E-Mail-Benachrichtigungen auf das Keyword »Mietspiegel« ein, bekommt er immer die aktuellen Preisentwicklungen im Wohnungsmarkt dar. Verpackt in einen Bildslider oder ein kleines Interview und fertig ist ein Onlinevideo, mit dem Sie mit den neuesten Informationen punkten.

---

### Tipp

Um den Dienst Google Alert nutzen zu können, klicken Sie auf *http://www.google.de/alerts*. Nachdem Sie mit Ihrem Google-Konto angemeldet sind, können Sie eine Art Benachrichtigungsdienst einrichten. Jedes Mal, wenn im Internet eine neue Seite zu einem Suchbegriff erscheint, bekommen Sie per E-Mail eine Benachrichtigung.

---

***Abb. 3.3:*** Mit Google Alerts lassen sich schnell Benachrichtigungen zu bestimmten Themen beziehungsweise Keywords einrichten.

### 3. YouTube

Wie bereits festgestellt, ist YouTube längst nicht mehr nur eine Videoplattform, sondern belegt im Suchverhalten vieler User den zweiten Platz. Und irgendwie sind auch Sie sicherlich auf ein Video gestoßen – vielleicht auch von einem Konkurrenten –, das Sie auf besondere Weise fasziniert hat. Nutzen Sie YouTube als Ideengeber für Ihre eigenen, individuellen Onlinevideos. Denn wo sonst lassen sich Themen finden, die eine breite Masse an neuen und alten Interessenten/Kunden erreichen, wenn nicht auf YouTube selbst? Hier kann es hilfreich sein, nach speziellen Begriffen zu suchen, die für Ihre Branche relevant sind. Damit finden Sie heraus, was Ihre Wettbewerber bereits anbieten und können eruieren, ob Sie vielleicht eine Lücke abdecken können. Alternativ bieten auch die Topvideos gute Impulse, um kreative Ideen zu bekommen.

Ein exzellentes Beispiel aus der Praxis ist die Beauty- und Modebranche. Als Onlinehändler für hochwertige Damenmode könnten Sie monatliche Stylingtipps bereitstellen und so Ihre Interessenten auch nachhaltig an Ihren Unternehmenskanal binden. Oder wie wäre es mit interessanten Tutorials oder einer originellen Anleitung zum Schminken für Unternehmen aus der Kosmetikbranche? L'Oréal Paris publiziert beispielsweise in der sogenannten Make-up Lounge regelmäßig Videos zu ihren Produkten und der richtigen Anwendung (siehe Abbildung 3.4):

**_Abb. 3.4:_** Die Schminktipps von L'Oréal Paris zeigen, dass interessante Inhalte mit echtem Mehrwert beim User ankommen.

Spielen Sie ein wenig mit der Suchfunktion auf YouTube und durchstöbern Sie die verschiedensten Kanäle. Allein dies gibt Ihnen einen wunderbaren Überblick über die Möglichkeiten von Onlinevideos.

## 4. Newsletter

Newsletter-Marketing ist nach wie vor eine der beliebtesten Formen, um aktiv an Kunden heranzutreten. Eine E-Mail ist schnell versandt und stellt dem User auf seine Interessen abgestimmte Inhalte bereit. Was bewegt Ihre Zielgruppe und welche Inhalte decken Ihre Konkurrenten ab? Finden Sie es heraus und melden Sie sich für verschiedene Newsletter an. Damit bleiben Sie up to date, ohne eigene redaktionelle Ressourcen zu verschwenden. Oftmals sind kleine und mittelständische Unternehmen allein von der Arbeitskraft nicht in der Lage, eigene Studien zu veröffentlichen oder Inhalte fachgerecht aufzubereiten. Nutzen Sie deshalb Publikationen von Newslettern aus Ihrem Tätigkeitsbereich.

---

### Hinweis

Auch hier gilt die goldene Regel: Abschreiben ist verboten, Ideen zu holen dagegen mehr als gewünscht! Indem Sie die Newsletter Ihrer Konkurrenten abonnieren, können Sie sich Inspiration für die eigene Content-Strategie holen.

---

Arbeiten Sie beispielsweise im Bereich der erneuerbaren Energien, ist es empfehlenswert, dass Sie sich über aktuelle Presseberichte oder Statistiken aus der Branche informieren und in Ihren Onlinevideos auf YouTube aufgreifen. Das unterstreicht nicht nur Ihre Aktualität, sondern auch Ihre Glaubwürdigkeit als Dienstleister. Abbildung 3.5 zeigt den Newsletter-Bereich der Agentur für Erneuerbare Energien in Berlin und auch für den Bereich regenerative Energien gibt es Newsletter-Angebote für Ihre Branche – en masse! Einfach Anmeldeformular ausfüllen und schon erhalten Sie themenrelevante Ideen für Ihren YouTube-Kanal:

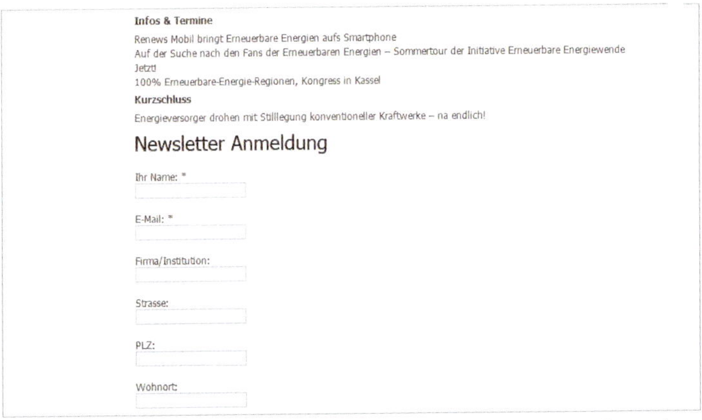

**Infos & Termine**
Renews Mobil bringt Erneuerbare Energien aufs Smartphone
Auf der Suche nach den Fans der Erneuerbaren Energien – Sommertour der Initiative Erneuerbare Energiewende
Jetzt!
100% Erneuerbare-Energie-Regionen, Kongress in Kassel
**Kurzschluss**
Energieversorger drohen mit Stilllegung konventioneller Kraftwerke – na endlich!

#### Newsletter Anmeldung

Ihr Name: *

E-Mail: *

Firma/Institution:

Strasse:

PLZ:

Wohnort:

**Abb. 3.5:** Newsletter gibt es viele. Suchen Sie sich relevante E-Mail-Angebote heraus und melden Sie sich für den Newsletter an.

## 5. Wikipedia

Empfehlenswert und praktisch: Auch wenn es bei Referaten, Projekten oder wissenschaftlichen Arbeiten immer hieß, dass man sich nicht auf Wikipedia verlassen soll, ist die Online-Enzyklopädie eine ausgezeichnete Quelle, um an kreative Ideen für den YouTube-Kanal zu kommen. Dies betrifft insbesondere wiederkehrende Themen und wichtige Ereignisse, die es aufzuschlüsseln gilt. Sie fragen sich, was damit gemeint ist und wie so etwas für Ihr Unternehmen aussehen kann (lassen wir mal die wiederkehrende Behauptung weg, dass es so etwas für Ihr Unternehmen nicht gibt)? Anwendungen gibt es viele und auch an dieser Stelle soll es an einem Beispiel nicht mangeln.

Gibt man in der Wikipedia-Suche beispielsweise den Begriff »2013« ein, erhalten Sie alle Gedenktage für das laufende Jahr und erleichtern sich somit die Recherche. Ein Finanzdienstleister findet auf diese Weise schnell heraus, dass der 1. Juli dieses Jahres der 25. Jahrestag der Einführung des Deutschen Aktienindex (DAX) ist. Das ist eine Steilvorlage für ein Informationsvideo zum DAX und der Geschichte der Aktie. So zeigen Sie Kompetenz und Erfahrung in Ihrer Branche.

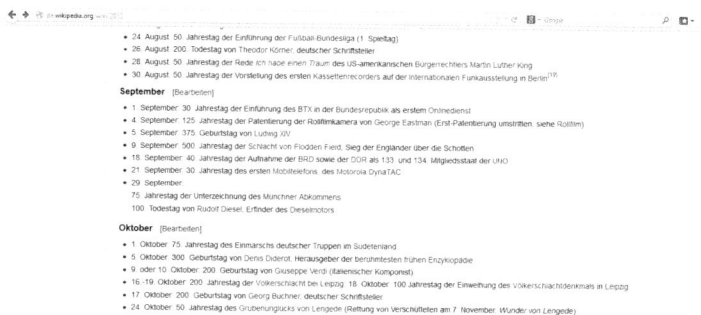

**Abb. 3.6:** Wikipedia ist eine äußerst vielfältige Quelle bei der Recherche nach Ideen.

Ein Autohaus findet über die Wikipedia-Suche ebenfalls ein interessantes Thema für sein Onlinevideo auf YouTube, denn der 29. September ist der 100. Todestag von Rudolf Diesel, Erfinder des Dieselmotors. Da wäre doch ein Interview mit dem Geschäftsführer des Autohandels ein gelungener

Videobeitrag, um auf die Energieeffizienz und Leistungsfähigkeit von modernen Autos einzugehen, selbstverständlich mit Verweis auf das eigene Angebot an sparsamen Fahrzeugen?

Auch Facheinträge in Enzyklopädien, zum Beispiel zu einer von Ihnen verwendeten Technik in der Produktion, können einen Ideensturm auslösen. Gönnen Sie sich die Zeit, bei Wikipedia zu stöbern – es lohnt sich!

### 6. Google News

In Sachen Aktualität ist der Nachrichtendienst von Google unschlagbar. Für den Redaktionsplan lassen sich hier Themen finden, die nicht nur relevant, sondern am Puls der Zeit sind.

Google News ist eine computergenerierte News-Website, die auf mehr als 700 deutschsprachige Nachrichtenquellen zurückgreift und entsprechende Schlagzeilen sammelt. Ähnliche Beiträge werden gruppiert und entsprechend den personalisierten Interessen des Lesers angezeigt. Zusammengefasst ist Google News also ein riesiger Newsticker, der sich in verschiedene Interessensgruppen aufteilt. Unternehmen sollten den Nachrichtendienst regelmäßig auf bestimmte Suchbegriffe prüfen, damit entsprechende Onlinevideos erstellt werden können (siehe Abbildung 3.7):

*Abb. 3.7:* Google News zeigt topaktuelle Inhalte an, die für ein YouTube-Video verwertet werden können.

## 3.1.2    Offlinequellen

Auch fernab der digitalen Welt lassen sich Ideen für eigene Onlinevideos sammeln. Hier finden vor allem die klassischen Wege der Informationsfindung Anwendung. Klassische Zugänge wie Printmedien, aber auch der

Blick auf das eigene Unternehmen sind dabei Anhaltspunkte, die wichtige Impulse für den YouTube-Kanal eines Unternehmens liefern. Sicherlich sind viele Informationen auch online verfügbar, dennoch schadet es nicht, wenn Sie eine kreative Reise durch die Offlinewelt unternehmen.

## 1. Messekalender

Klassisch, aber dennoch effektiv sind Messekalender. Sie liefern speziell auf die Zielgruppe zugeschnittene Informationen zu Fachveranstaltungen und -tagungen. Ohne Zweifel sollte eine Teilnahme an einer solchen Messe in jeder Form des Marketings aufgegriffen werden. Sowohl als Weiterbildungsmaßnahme als auch zur Präsentation des eigenen Unternehmens stellen solche Events einen erheblichen Mehrwert zur Außendarstellung dar. Eine Firma für Fotovoltaik sollte beispielsweise unbedingt Messen für erneuerbare Energien in ihren Redaktionsplan aufnehmen, da sich Unternehmen oder Privathaushalte genau für solche Infoveranstaltungen interessieren. Und darum geht es ja! Mit Videoinhalten zu Fachmessen dokumentieren Sie auf äußerst anschauliche Weise, welche Themen behandelt werden und dass Sie am Puls der Zeit sind.

*Abb. 3.8:* Ein Messekalender bietet interessante Impulse für effektives Content-Marketing.

## 2. Fachzeitschriften

Printmagazine liefern ebenso Input für das Videomarketing auf YouTube wie fachspezifische Webseiten. Aus Tageszeitungen und Zeitschriften lassen sich oft aktuelle Studienergebnisse und brisante Themen herausziehen, die Ihre Zielgruppe beschäftigen. Ein Aufschrei zu unzumutbaren Arbeitsverhältnissen bei einem großen Versandhandel? Als Logistikpartner können Sie mit einem eigenen Imagefilm zu diesem Thema zeigen, dass Sie auf nachhaltige und faire Arbeitsbedingungen setzen. Der Stern prüft Waschmaschinen? Dann sollte das Testergebnis auf jeden Fall in das Content-Marketing auf YouTube aufgenommen werden, falls Ihr Produkt ebenfalls ausgezeichnet wurde.

*Abb. 3.9:* Fachzeitschriften wie die Magazine von Stiftung Warentest können wichtige Impulse geben.

Nutzen Sie deshalb das vielfältige Printangebot und recherchieren Sie auch offline. Ein Blick in die Tageszeitung kann sich als äußerst produktiv herausstellen!

## 3. Interne Events

Prüfen Sie kritisch, welche Veranstaltungen und Themen aus dem eigenen Unternehmen sich für ein Onlinevideo eignen. Jubiläen, der Start eines neuen Ausbildungsjahrs oder ein Tag der offenen Tür: Auch betriebsinterne Veranstaltungen können begeistern. So kann beispielsweise ein Interview mit einem Auszubildenden aufzeigen, dass Sie aktiv an jungen Talenten interessiert sind und diese auch zu Wort kommen lassen. Aber auch eine bildliche Aufarbeitung des 100. Betriebsjubiläums gibt Ihren Interessenten ein persönlicheres Bild von Ihrem Unternehmen. Zeigen Sie Mut zur Kreativität und überwinden Sie die Barriere, dass es aus Ihrem Unternehmen ohnehin nichts Interessantes zu berichten gibt. Die persönliche Note macht den Erfolg von Onlinevideos aus!

### 4. Wiederkehrende Termine

Klassische Redaktionsthemen wie Weihnachten, Ostern oder der Sommeranfang, aufgepeppt mit einer individuellen Idee können ebenfalls das Potenzial von YouTube entfachen. Der Zalando-Werbespot, bei der der Zalando-Bote die Geschenke bringt (siehe Abbildung 3.10) ist ein tolles Beispiel für Videomarketing. Insbesondere YouTube ist hier mit seiner viralen Wirkung ganz weit vorne anzusiedeln, um mit verrückten Ideen beim Verbraucher zu punkten. Der Mut zur Kreativität wird belohnt.

Zalando TV Spot Weihnachtsduell

*Abb. 3.10:* Mehr als 90.000 User haben sich den Zalando-Spot auf YouTube angesehen.

Sie sehen: Ideen für begeisterndes YouTube-Marketing gibt es en masse! Unterschätzen Sie nicht ihre eigene Kreativität und wagen Sie die Produktion Ihres eigenen Onlinevideos. Das Tolle an YouTube ist ja, dass der Upload völlig kostenfrei ist. Außer der Zeit, die Sie in die Produktion stecken, haben Sie nichts zu verlieren. Auch wenn ein Video zunächst nur wenige Zugriffszahlen einbringt, können Sie dies als persönliche Erfahrung abstempeln und für den kommenden Prozess weiter perfektionieren.

## 3.2 Ein Redaktionsplan muss her

Ein Redaktionsplan ist im Bereich Content Marketing und somit auch für Ihren YouTube-Kanal ein unverzichtbares Strategiepapier, um die Produktion und Veröffentlichung Ihrer Videoinhalte zu planen. Marketingverantwortlichen und allen anderen Mitwirkenden gibt das Dokument einen Fahrplan an die Hand, der verbindlich einzuhalten ist – quasi fast wie in der Schule. Sowohl in den Print- als auch in den Onlinemedien hat sich dieses Instrument als äußerst effektiv erwiesen, da der Redaktionsplan dabei hilft,

1. Ressourcen effektiv einzusetzen,
2. Zeitabläufe schlank zu gestalten und
3. Produktionsabläufe auch auf lange Sicht zu planen.

Im Falle des Videomarketings halten Sie im Redaktionsplan fest, was die zu erarbeitenden Themen sind, bis wann das Video gedreht und bearbeitet sein muss, sowie den Zeitpunkt der Veröffentlichung. Hierzu gilt es, eine geeignete Form zu wählen.

### 3.2.1 Redaktionsplan erstellen

Jede Printredaktion plant die nächste Ausgabe einer Tageszeitung, auch Fernsehsender halten fest, wann welches Programm laufen soll und welche Arbeitsprozesse bis dahin erledigt werden müssen. Leider hat sich der Redaktionsplan im Internet noch nicht so durchgesetzt, da viele Verantwortliche denken, dass in einem schnellen Medium wie dem Internet schnelle Entscheidungen das Richtige sind. Speziell bei Videoproduktionen für YouTube ist eine strategische Vorgehensweise die einzig vernünftige Wahl, um den Aufwand für das Unternehmen so gering wie möglich zu halten. Sie sollten sich daher unbedingt die Zeit nehmen, eine grobe Planung Ihrer Todos festzulegen.

**Redaktionsplan für das Blog "Im Grünen" mit Beispieleinträgen**

| KW GoLive | Datum GoLive | Deadline Abgabe | Themenkreis | Artikel (Working Title) | Inhalt kurz umrissen | Autor | Bildmaterial | Partner erwähnen | Facebook | Twitter | Newsletter | Weitere Kanäle | Alternativthemen | Status |
|---|---|---|---|---|---|---|---|---|---|---|---|---|---|---|
| KW 45 | 6.11.2012 | 1.11.2012 | Wald & Ökosystem | **Der Wald, Lunge unseres Planeten** | Facts über die wichtige Rolle des Waldes, Abholzung, Pflege. Start einer Artikelserie. In späteren Artikeln werden spezifischere Themen aufgegriffen, z.B. zertifiziertes Holz. | Aurelia da Silva, Forstwirtschafts-ingenieurin | wird von der Redaktion gesucht | keine | x | x | x 7.11 | | Video zum Thema Waldkreislauf embedden, kurzer Kommentar | bereit / erfasst |
| KW 45 | 8.11.2012 | 5.11.2012 | Eigener Garten | **Gartengestaltung im Herbst** | Gestaltungstipps, wenn weniger Grün da ist. Wie kann ich Unterschlupfmöglichkeiten für Igel & andere Tiere schaffen. | Iris Indenauen, Gärtnerin | vorhanden (eigene Fotos) | keine | x | x | | Gartentipps-App | Artikel vom 15.11 (Demeter) vorziehen | in Arbeit / bei Redaktion |
| KW 46 | 13.11.2012 | 8.11.2012 | Landwirtschaft / Tiere | **Warum Hörner für die Kühe wichtig sind** | genauer Inhalt tbd (infos von S. Ackermann folgen) | Seppli Ackermann, Landwirtschafts-ingenieur | Autor liefert Bilder | keine | x | x | | | Kurze Buchbesprechung "Kühe verstehen" | offen |
| KW 46 | 15.11.2012 | 12.11.2012 | Eigener Garten | **Demeter im privaten Gemüsegarten** | Macht es Sinn, den eigenen Gemüsegarten nach der Demeter-Methode zu bewirtschaften? Pro/contra, Tipps Lieferanten etc. | Rosalind Grüninger, Bio-Inspektorin | Pressebilder Demeter-Verband | Schweizerischer Demeter-Verband | x | x | x 16.11 | Gartentipps-App | | offen |

***Abb. 3.11:*** Ein Redaktionsplan für einen Blog (Vorlage: Blogwerk AG)

Doch wie sieht so ein hoch gelobter Redaktionsplan eigentlich aus? Wie so oft gibt es keine gemeingültige Definition von DEM Redaktionsplan. An dieser Stelle lassen sich jedoch Empfehlungen aussprechen, wie ein solches Dokument für Ihr YouTube-Marketing auszusehen hat, denn letztlich müssen Sie damit arbeiten. Zur Vereinfachung der Arbeitsprozesse und reibungslosen Zusammenarbeit zwischen allen Beteiligten sollte der Redaktionsplan im Bereich Videomarketing jedoch folgende Elemente enthalten:

## 1. Thema und Kurzbeschreibung

Nachdem Sie das vorherige Kapitel gut durchgelesen und reichlich Ideen für Ihre YouTube-Videos gefunden haben, sollten Sie den Titel sowie eine kurze Schilderung der Inhalte festhalten. So kann es nützlich sein, beispielsweise eine konkrete Vorstellung des Ablaufs zu skizzieren. Zudem können Sie in diesem Bereich niederschreiben, welche Hilfsmittel etc. Sie für das Drehen der Onlineinhalte benötigen. Vorteil einer schriftlichen Zusammenfassung ist, dass alle beteiligten Personen nachvollziehen können, welche Elemente im Video vorkommen sollen.

## 2. Liefertermine

Damit Sie Ihre Interessenten auf YouTube begeistern, müssen zuallererst die Videos produziert werden. Filmdateien, Ton, Texte – all dies sind Zutaten, die für ein Onlinevideo vorhanden sein müssen. Setzen Sie sich realistische Ziele, bis wann die einzelnen Komponenten fertig sein müssen. Insbesondere bei den ersten Videos sollten Sie lieber etwas mehr Zeit einplanen, als am Ende dann frustriert festzustellen, dass die Liefertermine nicht eingehalten werden.

### 3. Bearbeitungsstatus

Häufig arbeiten verschiedene Personen an der Realisierung eines YouTube-Videos. Ein Mitarbeiter dreht, ein anderer übernimmt den Schnitt und eine Kollegin schreibt die Texte. Damit alle nachvollziehen können, ob die Arbeitsschritte abgeschlossen sind, sollte ein Bearbeitungsstatus im Redaktionsplan enthalten sein.

### 4. Termin der Veröffentlichung

»Morgen, morgen, nur nicht heute«: Ohne verbindliche Zeitvorgaben verschieben sich Projekte gerne und die geplanten Erfolge bleiben aus. Ein Redaktionsplan sollte deshalb immer eine Deadline enthalten, bis wann das Onlinevideo fertig produziert ist und auf YouTube hochgeladen werden kann. Für alle Beteiligten ist das dort eingetragene Datum eine verbindliche Frist.

### 5. Seeding

Seeding (englisch für säen) beschreibt Kanäle, auf denen ein Medium verbreitet wird. Auf welchen Plattformen soll zusätzlich neben YouTube selbst auf das Onlinevideo hingewiesen werden? Wen wollen Sie zum Seeding motivieren?

## 3.2.2    Themen und Redaktionsplan verknüpfen

Inhaltlich sollte der Redaktionsplan auf jeden Fall an das entsprechende Unternehmen angepasst werden: Eine Schönheitsklinik berichtet über Trends aus dem Beauty- und Medizinbereich, ein Schreiner über Veranstaltungen und Themen aus dem Handwerk. Strategisches Vorgehen ist wichtig und die Themen für die Onlinevideos für den eigenen YouTube Kanal sollten festgehalten werden.

Für einen Redaktionsplan im Videomarketing empfiehlt sich eine Planungsdauer von zwölf Monaten, da die einzelnen Produktions- und Publikationsabläufe häufig mit verschiedenen Personen oder gar einer Agentur zusammenhängen. Aber auch wenn Sie alleine die Konzeption und Betreuung von YouTube in Angriff nehmen, sollten Sie sich einen angemessen Zeitrahmen stecken. Zudem erfolgt der Upload in den Unternehmenskanal nicht so regelmäßig wie zum Beispiel bei Blogbeiträgen oder Texten für die eigene Website. Es gilt: Lieber realistische Ziele setzen und regelmäßig den YouTube-Kanal mit Onlinevideos bespielen, anstatt sich unter Druck zu setzen und nur minderwertige Qualität zu liefern!

Im Fokus der Nutzer stehen erfahrungsgemäß saisonale Themen, zum Beispiel Valentinstag, Weihnachten, Herbstanfang etc. Diesem Bedürfnis sollten Sie mit Ihren Onlinevideos gerecht werden. Deshalb sollten feststehende Daten wie ebensolche Festtage ebenfalls berücksichtigt werden. Kontinuität und ein roter Faden helfen dabei nicht nur den Interessenten Ihres YouTube-Kanals. Ebenfalls wichtig ist allerdings, auch auf aktuelle Themen einzugehen, welche die Branche beschäftigen. Planung ist gut und wichtig, aber Aktualität wird vom Leser in besonderer Weise belohnt.

**Abb. 3.12:** Ihr Video zum Valentinstag verschaffte Lamiya fast 200.000 Klicks.

# 3.3    Der fertige Plan

Genügend Vorlaufzeit, eine Übersicht über die Verantwortlichen, verbindliche Fristen und natürlich jede Menge Ideen: Die Zutaten für Ihren »Stundenplan« für Videomarketing haben Sie zusammen. Nun sind alle Informationen in ein übersichtliches Dokument zu übertragen. Hierbei haben Sie zwei Möglichkeiten: Entweder Sie erstellen eigenhändig eine Excel- oder Textdatei und tragen die von Ihnen benötigten Felder ein oder Sie benutzen Vorlagen aus dem Internet. So oder so ist es ratsam, den Redaktionsplan so individuell wie möglich zu gestalten. Denn der Verantwortliche für Videomarketing muss entscheiden, welche Informationen im Plan festgehalten werden sollen oder nicht.

---

### Tipp

Redaktionspläne im Internet

- *http://www.onlinemarketing-praxis.de/social-media/social-media-redaktionsplan-muster-als-vorlage*
- *http://rassmann-consulting.de/social-media-redaktionsplan-mit-vorlage-redaktionsplan-fuer-social-media-manager/*
- *https://www.youtube.com/watch?v=G3CTaeN0NSM*

---

Einige Musterexemplare sind über die oben abgebildeten Links abrufbar – ebenso eine YouTube-Anleitung, wie Sie sich einen Redaktionsplan für Social Media erstellen. Um Ihnen jedoch auch fernab des World Wide Web die Möglichkeit zu geben, einen ersten Blick auf ein solches Strategiepapier zu werfen, ist im Folgenden ein von mir entwickeltes Exemplar dargestellt. Es ist die einfachste Form des Redaktionsplans und längst nicht so ausgefeilt wie viele Entwürfe im Netz. Doch auch so ein simples Exemplar ist besser als gar kein Redaktionsplan.

|  | Thema 1 | Thema 2 | Thema 3 | Thema 4 |
|---|---|---|---|---|
| Brainstorming/ Themenrecherche | JG/MR 15.01 | … | … | … |
| Script schreiben | JG 20.01 | … | … | … |

| | Thema 1 | Thema 2 | Thema 3 | Thema 4 |
|---|---|---|---|---|
| Videoproduktion | MM 10.02 | … | … | … |
| Videobearbeitung | MM 20.02 | … | … | … |
| Texting für Video-Manager | JG 19.02 | … | … | … |
| Upload/YouTube Optimierung | MR 25.02 | … | … | … |
| Publizieren | MR 26.02. | … | … | … |

# 3.4    Zusammenfassung

Um Ihre Onlinevideo-Kampagnen besser zu planen, ist es unerlässlich, alle Denkprozesse sowie Kreativleistungen sorgfältig festzuhalten. Denn ohne nachhaltige Idee, wohin die Reise mit YouTube hingehen soll und welche Themengebiete Sie mit dem Unternehmenskanal abdecken möchten, verpuffen Ihre Bemühungen in der Luft.

Bevor ein solches Strategiedokument jedoch erstellt wird, sollten Sie Themen finden, die zum einen Ihre Zuschauer interessieren könnten, zum anderen aber auch zu Ihrem Unternehmen passen. Sowohl in der Online- (Blogs, YouTube, Google Alerts etc.) als auch in der Offlinewelt (Messekalender, Fachzeitschriften…) lassen sich tolle Ideen finden, die sich in aussagekräftige, mitreißende, aber auch informierende und sachliche Bewegtbildformate umsetzen lassen. Ein wenig Kreativität von Ihrer Seite oder Mitarbeitern aus dem Unternehmen peppen das eine oder andere »trockene« Thema auf und schaffen so ein wirklich unterhaltsames Onlinevideo.

Stehen die Inhalte des YouTube-Kanals im Groben und Ganzen fest, beginnt die Planung der Produktion und der Publikation. Im Redaktionsplan sind deshalb die Idee als solche sowie feste Fristen, die Namen der Verantwortlichen und der Bearbeitungsstatus zu skizzieren. Anhand dieser Daten behalten Sie bei Ihrem Videomarketing den Überblick über laufende

Prozesse und können auch langfristig auf die Bedürfnisse Ihrer Community reagieren.

Die Vorteile eines Redaktionsplans liegen für Ihr Unternehmen auf der Hand. Erfolgreiche Werbung beziehungsweise Außendarstellung lässt sich nur realisieren, wenn Prozesse so schlank wie möglich gehalten werden. Mit der Festlegung von gewissen Fixtagen zur Fertigstellung der einzelnen Projektschritte nutzen Sie Ihre Ressourcen auf perfekte Weise. Auch der offene Dialog unter allen beteiligten Personen und die Tatsache, dass der aktuelle Bearbeitungsstand für jeden ersichtlich ist, gestalten das Videomarketing auf YouTube effektiver.

## 3.5 Drei Fragen an…

Markus Mattscheck, Chefredakteur und Betreiber der Experteninitiative Onlinemarketing-Praxis. Er ist in seinen Tätigkeitsfeldern bereits seit 1995 fest mit dem Internet verdrahtet und gilt als anerkannter Experte im Bereich des Onlinemarketings. Gemeinsam mit Maik Schmeltzpfenning führte Markus Mattscheck das Keyword-Advertising in Deutschland ein.

### Social Media ohne Redaktionsplan – geht das überhaupt?

Ja, das geht. Ob Social-Media-Maßnahmen mit oder ohne Redaktionsplan realisiert werden, hängt von der Strategie, der Anzahl der Kanäle und der Ansprache unterschiedlicher Zielgruppen ab. Nutzt ein Unternehmen Social Media zum Beispiel als Plattform für den Kundenservice, dann ist ein Redaktionsplan überflüssig. Sobald ein Unternehmen aber mehrere Kanäle betreut, Inhalte zu verschiedenen Themen verbreitet oder unterschiedliche Zielgruppen anspricht, dann ist ein Redaktionsplan ein wichtiges und sehr nützliches Tool.

### Was ist bei einem entsprechenden Plan für YouTube zu beachten?

Unternehmen, die regelmäßig Onlinevideos veröffentlichen, müssen vor allem die zeitliche Komponente im Blick behalten. Inhaltlich gute Videos brauchen Zeit für Planung und Produktion. Daher sind sie langfristiger zu planen als Artikel oder Posts. Zusätzlich ist die Vernetzung mit SEO wichtig. Google zeigt im Zuge der so genannten Universal Search auch Videos auf den Trefferseiten an. Wer hier präsent sein möchte, sollte das nicht dem Zufall überlassen. Die gezielte Platzierung von Videos in der Universal

Search bedarf einer Planung. Wie bei Infografiken, Fachartikeln oder Studien ist das Seeding auch bei Videos sehr wichtig. Es reicht nicht aus, ein Video in den YouTube-Kanal hochzuladen. Über das Seeding des Videos in den Social-Media-Kanälen kann die Verbreitung gezielt gesteuert werden. Auch für das Seeding ist ein Redaktionsplan empfehlenswert.

**Lohnt sich der zeitliche Aufwand für die Pflege des Redaktionsplans?**

Wer in seiner Social-Media-Strategie die gezielte Verbreitung von Informationen verfolgt, braucht einen Redaktionsplan. Er gibt einen nachvollziehbaren Überblick über vergangene und geplante Maßnahmen. Der Aufwand lohnt sich, denn ein Redaktionsplan hilft sogar bei der Erfolgsmessung. Wird der mit dem Monitoring vernetzt, entsteht daraus ein Tool, mit dem Unternehmen Ihre künftigen Maßnahmen noch erfolgreicher planen können. Und für das Social-Media-Marketing mit mehreren Beteiligten lohnt sich der Aufwand und spart viel Zeit und Nerven. Über den Redaktionsplan werden Zuständigkeiten, Inhalte, Status und Freigaben auch größerer Social-Media-Teams sehr effizient koordiniert.

# 3.6 Checkliste

Und wieder einmal geht es darum, die wichtigsten Punkte aus diesem Kapitel zu verinnerlichen. Setzen Sie bei allen vier Aussagen einen Haken, kann es zum nächsten Abschnitt gehen.

❑ **Organisation:** Alle beteiligten Personen wurden über die Vorgehensweise beim Videomarketing informiert.

❑ **Brainstorming:** Gemeinsam haben wir potenzielle Themen besprochen und gesammelt. Im Nachgang erfolgte die Konzentration auf einige wenige Themengebiete.

❑ **Planung:** Ein Redaktionsplan wurde erstellt, der alle Verantwortlichen, deren Aufgaben sowie das Projekt festhält. Zudem sind verbindliche Fristen angelegt und die verantwortlichen Personen wissen Bescheid, bis wann die Inhalte geliefert werden müssen.

❑ **Ziele:** Ein finales Publikationsdatum wurde festgelegt. Bis zur Veröffentlichung wurde ein realistischer, großzügiger Zeitrahmen gewählt, sodass kein unnötiger Zeitdruck entsteht.

# Kapitel 4

# Produktion: Klappe und Action

YouTube ist sicherlich kein Selbstläufer, sondern erfordert wie alle sozialen Medien Zeit zur Pflege. Aufgrund von Kommentarfunktionen sowie Interaktionen unter den Usern spricht sich ein besonders gutes Onlinevideo schneller herum als beispielsweise über klassische Medien – und das Gleiche gilt auch für minderwertige Inhalte. Wie auch bei Google kommen Sie vor allem mit einzigartigem, qualitativ hochwertigem Content weiter.

Jetzt, wo der Redaktionsplan im Groben steht und die geeigneten Inhalte für das Unternehmen ausgewählt sind, kann es endlich an die Produktion der Videos gehen. Format, Protagonisten, Kamera und Licht: Viel mehr brauchen Sie nicht, um am Ende des Tages ein aussagekräftiges Video im Kasten zu haben.

# 4.1    Das geeignete Format wählen

Bei der Produktion der Videos ist darauf zu achten, dass die klassische Unternehmens-PR nicht zu stark in den Vordergrund tritt. Abwechslungsreiche Formate zwischen klassischen Unternehmensvideos beweisen, dass Sie als Selbstständiger oder Unternehmen kreativ sind. So eignen sich zum Beispiel Gespräche mit Auszubildenden oder Experten aus Ihrer Branche ideal. Auch humoristische Inhalte sind gerne gesehen. So hat beispielsweise der App-Hersteller »Songify« den im Netz sehr bekannten Clip »I love cats song« online gestellt (YouTube-User »Schmoyoho« – das Video siehe: *http://www.youtube.com/watch?v=sP4NMoJcFd4*), um auf die Möglichkeiten der Musik-App hinzuweisen. Mehr als siebenundzwanzig Millionen Klicks beweisen: Es funktioniert!

Entsprechend wichtig ist es, dass Sie eine gesunde Mischung aus Informationen und Unterhaltung finden. Dies sind die beiden Genres, die bei YouTube am beliebtesten sind. Erfahrungsgemäß ist sogar eine Hybridmischung, also Infotainment (information + entertainment), der erfolgreichste Weg, Menschen zu begeistern. Doch wie im ganzen Videomarketing gibt es hier kein patentiertes Erfolgsrezept. Durch das Ausprobieren verschiedener Formate sammeln Sie wichtige Erfahrungen und können anhand des Monitorings (siehe Kapitel 8) Rückschlüsse auf das weitere Vorgehen ziehen.

*Abb. 4.1:* Der Songify »I love cats song« verbreitete sich viral im Netz.

Im Folgenden präsentiere ich einige Beispiele an Videoformaten, die für einen Unternehmenskanal genutzt werden können.

## 4.1.1 Klassisch: das Unternehmensvideo

Ihre potenziellen Kunden oder Käufer stehen bei der Suche im Internet einer Vielzahl an Suchergebnissen gegenüber – alle relativ anonym und homogen. Deshalb möchten sie gerade online einen Einblick in das Unternehmen bekommen und wissen, wer sich hinter der Fassade verbirgt. Welche Produkte bieten Sie an? Was zeichnet Ihren Betrieb aus? Was sind die Besonderheiten beziehungsweise Alleinstellungsmerkmale? In welchen Räumlichkeiten arbeiten Sie? Das alles sind Fragen, die Sie mit einem klassischen Unternehmensvideo beantworten und somit die Fragezeichen im Kopf Ihres Interessenten in Ausrufezeichen verwandeln können.

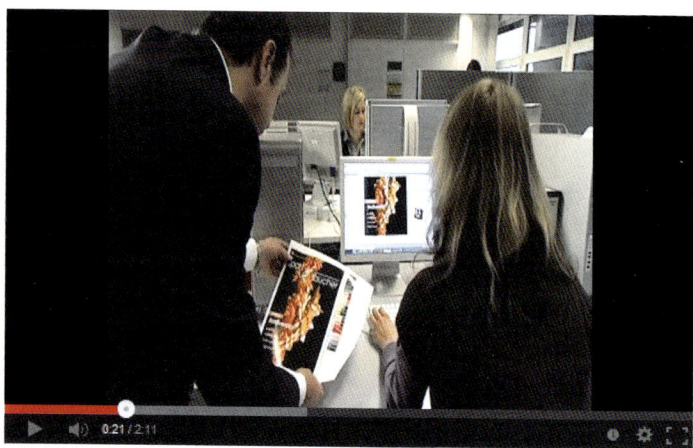

Dierichs Druck+Media, Druckerei Kassel

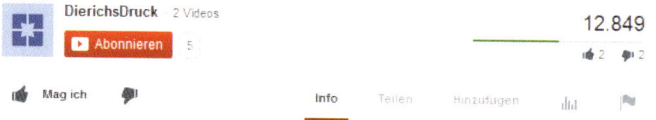

*Abb. 4.2:* Das Unternehmensvideo dieser Druckerei zeigt die täglichen Arbeitsabläufe.

## 4.1.2 Im Gespräch: das Interview

Wer, wenn nicht die Mitarbeiter selbst, könnte ein authentischeres Bild Ihres Unternehmens widerspiegeln? Geben Sie Ihrem Team die Möglichkeit, ihre Eindrücke und ihr Fachwissen nach außen zu tragen! Oder vielleicht stehen Sie als Selbstständiger einem fiktiven Interviewer Rede und Antwort zu Ihrem persönlichen Spezialgebiet? Interviewsituationen lassen sich immer aufbauen und sind ein sehr beliebtes Mittel. Der User hat das Gefühl, einem Gespräch beizuwohnen, und die Informationen bleiben stärker im Gedächtnis.

KÖ-KLINIK: Private Schönheitsklinik für Plastische und Ästhetische...

*Abb. 4.3:* Der Facharzt beantwortet Fragen zu Schönheitsoperationen.

---

**Tipp**

Stimmt der Ton? Speziell beim Interview sollte der Interviewte gut zu hören sein, damit alle Informationen gut rüberkommen.

---

## 4.1.3 Zum Lachen: Comedy

Ein Lächeln verbindet und ebenso ist es mit Videos, die den User zum Lachen bringen. Sicherlich ist es insbesondere im B2B-Bereich (Business to Business) eine eher unübliche Form des Marketings – die Ernsthaftigkeit eines Unternehmens soll auf keinen Fall beschädigt werden – doch vielleicht sind Sie einer der Ersten, der einen humoristischen Blick auf die Branche wirft. Zeigen Sie Mut, denn gut gemachte Comedy-Videos verbreiten sich besonders gut viral.

Ronald McDonald at Burger King

*Abb. 4.4:* Für viele Lacher sorgte diese Burger-King-Werbung, bei der der Clown der Konkurrenz beim Burgeressen »fremdgeht«.

---

## Tipp

Vielleicht kann mit einer Prise Humor ein eher nüchternes Arbeitsumfeld aufgelockert werden. Sich darüber Gedanken zu machen, ist auf keinen Fall verlorene Zeit.

---

## 4.1.4    Nachvollziehbar: die Dokumentation

Interessenten möchten leicht verständliche Onlinevideos, um Sachverhalte möglichst genau zu verstehen. Was liegt da näher, als eine Dokumentation über Ihr Arbeitsumfeld oder Ihre Branche in Bewegtbildern abzubilden und so ein konkretes Bild Ihres Schaffens abzulegen? Ziel der Dokumentation ist es nämlich, ein realistisches Bild zu vermitteln. Achten Sie deshalb auf Objektivität bei Ihrer Doku!

Im Unternehmen kann ein solches Format über verschiedene Kanäle rea-lisiert werden. Beispielsweise können Sie mit historischen Fakten ein profundes Fachwissen unter Beweis stellen. Ebenfalls möglich ist ein Video, das den Fertigungsprozess eines Ihrer Produkte demonstriert. So kann der Zuschauer Schritt für Schritt nachvollziehen, aus welchen Komponenten die Ware besteht und für was er letztlich sein Geld ausgibt. Legen Sie die Karten auf den Tisch und zeigen Sie so anschaulich wie möglich, was Sie auszeichnet. Speziell hochpreisige Produkte können so in Sachen Qualität beleuchtet werden.

## Mercedes-Benz A-Class Production Rastatt

**AutoMotoTV** · 12.231 Videos

▶ **Abonnieren**  23.416

**48.781**

👍 125  👎 1

***Abb. 4.5:*** Was passiert eigentlich bei der Produktion eines Autos? Das YouTube-Video zeigt anschaulich, wie viele Arbeitsschritte erforderlich sind.

| **Tipp** |
|---|
| Nutzen Sie verschiedene Kamerawinkel und -positionen, um einen ganzheitlichen Blick auf Ihr Thema zu präsentieren. Das spiegelt Objektivität wider. |

## 4.1.5    Zum Nachmachen: Tutorials

Speziell für erklärungsbedürftige Produkte eignen sich Tutorials. Gibt es spezielle Fragen, die Kunden immer wieder an Ihren Service herantragen – sei es persönlich oder in einer E-Mail? Kommen Sie Ihren Kunden zuvor und beschreiben Sie die Funktionsweise eines Produkts in einem Onlinevideo! Doch auch fernab von technischen Details liefern »Anleitungsvideos« einen echten Mehrwert, denn hier werden Ihre Waren live in der Anwendung gezeigt. Sicherlich ist es schön, wenn Kunden in schriftlicher Form nachlesen können, wie eine bestimmte Sache funktioniert. Doch als Video ist es prägnanter und kann bei Bedarf nochmals angeschaut werden. Überprüfen Sie kritisch, welche konkreten Anwendungsbeispiele und offene Fragen es gibt und beantworten Sie diese in einem ansprechenden »Erklärvideo«.

**Abb. 4.6:** »Wie benutze ich einen Lockenstab richtig?« YouTube-Userin Daaruum gab mehr als 218.000 Usern die Antwort darauf.

---

### Tipp

Tutorials, in denen der User direkt angesprochen wird, haben eine persönlichere Note. Schauen Sie den Zuschauer an oder nutzen Sie eine personalisierte Ansprache!

---

Nachdem ich nun einige Formate vorgestellt habe und Sie sich für eines entschieden haben, beginnt ein entscheidender Prozess. Denn auch wenn Sie sich schon Gedanken darüber gemacht haben, was Sie als Video produzieren möchten: Um ein schriftliches Konzept kommen Sie nicht herum!

# 4.2 Ohne Grobkonzept geht's nicht

Einhergehend mit der Festlegung eines Themas sowie mit der Wahl eines Formats sollten Sie ein grobes Konzept der einzelnen Szenen niederschreiben. Sicherlich erfordert dies einen weiteren Zeitaufwand, jedoch lohnt sich die Ausbeute, die dadurch erzielt wird. Indem Sie festhalten, was Sie in welcher Szene darstellen möchten, beschleunigt sich der Produktionsprozess erheblich. So fallen Diskussionen wie »Wollen wir das nicht so machen…« oder »Vielleicht wäre das nicht besser« erst gar nicht an. Fokussiert und stringent verfolgen Sie so den Ablauf Ihres kleinen Drehbuchs.

Als Marketingverantwortlicher, der sich bisher kaum oder noch gar nicht mit YouTube und Videomarketing beschäftigt hat, brauchen Sie nicht über ein komplett ausgearbeitetes Konzept nachzudenken. Dennoch ist es hilfreich, Ihr geplantes Onlinevideo in drei Abschnitte einzuteilen und somit einen Spannungsbogen aufzubauen:

### 1. Neugierde und Zielgruppenansprache

Im ersten Teil des Videos sollten Sie die Neugierde Ihres Zuschauers wecken. Da Sie zeitlich eingeschränkt sind, sollten Sie so direkt wie möglich werden, denn nur so lässt sich Ihre Zielgruppe auf Ihrem Video halten. Handelt es sich bei dem Format um eine Anleitung, wie man beispielsweise Weinflaschen ordnungsgemäß für den Versand vorbereitet (ein Logistik- oder Kurierunternehmen könnte ein solches Format durchaus anbieten), sollte dies offen kommuniziert werden.

## 2. Haupthandlung

Haben Sie den User mit Ihrem Einstieg überzeugt, folgt die Haupthandlung und somit das eigentliche Thema des Videos. Auch hier gilt: Weniger ist mehr. Denn mit ablenkenden Elementen können Sie den User schnell verschrecken. Reduzieren Sie daher die Handlung auf ein Minimum.

## 3. Unternehmen und Überraschung

Die letzte Szene bleibt dem User erfahrungsgemäß stärker in Erinnerung, wenn dort eine überraschende oder positive Stimmung vermittelt wird. Zu diesem Zeitpunkt sollten alle Fragen beantwortet werden, die sich ein User vor dem Klick auf Ihr Video gestellt hat. Ebenso wichtig ist das Nennen Ihres Unternehmens. Allein als Branding-Maßnahme ist dies wichtig und sollte in jedem Ihrer Videos Anwendung finden.

Jetzt soll es aber wirklich mit der Produktion losgehen! Die vorgestellten Grundlagen sind jedoch ein wichtiger Schritt, um nicht nur den Dreh so reibungslos wie möglich ablaufen zu lassen. Die sorgfältige Planung ermöglicht es Ihnen, dass die Interessenten auch tatsächlich von Ihren Inhalten beeindruckt sind, mitgerissen werden und mit einem großen »Aaaaah« auf den Bildschirm schauen.

# 4.3    Ausrüstung

Wer glaubt, dass Onlinevideos ausschließlich mit professionellem Equipment gedreht werden können, liegt falsch. Heutige Tablets, Mobiltelefone oder Digitalkameras haben eine außerordentlich gute Videoqualität und sind oftmals sogar mit HD-Technik ausgestattet. Und auch die Tonaufnahme von Hintergrundgeräuschen, Stimmen etc. ist mit den meisten Geräten ebenso handlebar. Die Technik muss für Onlinevideos nicht immer die teuerste sein! Trotzdem gibt es einige Aspekte, auf die Sie bei der Produktion Ihrer Webinhalte bei YouTube achten sollten. Denn mal ehrlich: Niemand schaut gerne auf wackelige Bilder oder Personen, die aufgrund der Dunkelheit kaum zu sehen sind. Weniger ansprechend sind auch laute Hintergrundgeräusche oder ein zu leiser Ton. Kurzum: Ein Gesamtpaket aus Kameraführung, Ton und Licht sollte vorhanden sein, damit Ihre YouTube-Videos eine gewisse Qualität ausstrahlen – und somit auch Ihr Unternehmen.

## 4.3.1    Kamera

Unerlässlich für ein Onlinevideo für Ihren YouTube-Kanal ist eine Kamera. Sicherlich ist dieser Teil der Ausrüstung der wohl wichtigste und sorgt bei Entscheidungsträgern, die sich mit Videomarketing beschäftigen, oftmals für Unbehagen. Ist wirklich immer ein teures Aufnahmegerät zu benutzen? Wie bereits angekündigt, hat sich in den vergangenen Jahren einiges im Bereich Technik getan, sodass auch viele »einfache« Digitalkameras über eine sehr gute Videoqualität verfügen. Um erste Gehversuche bei der Produktion von Videoinhalten zu unternehmen, können Sie auch auf Ihr Mobiltelefon oder Tablet zurückgreifen. Damit können Sie sich vergewissern, ob beispielsweise das Setting (Schauplatz/Drehort) in dem Video gut ankommt oder ob die Beleuchtung nachgezogen werden muss.

Steht die Anschaffung einer neuen Kamera an, da bisher keine vorhanden ist, sollten Sie beim Kauf auf folgende technische Fakten achten. Nicht alle sind ein Muss, jedoch erleichtern sie den Arbeitsablauf:

▸ Ein **externer Mikrofoneingang** ist hilfreich, um die Qualität des Tons zu gewährleisten.

▸ Ein **leistungsstarker Akku** mit einer langen Laufzeit garantiert Ihnen, dass der Dreh Ihres Unternehmensvideo nicht aufgrund schwacher Batterien abgebrochen werden muss. Ebenfalls vorteilhaft ist es, wenn der Akku entnehmbar ist.

▸ Eine **Speicherkarte** (in der Regel SD-Karte), die das Übertragen der Videos auf den PC oder Laptop erleichtert, gehört heutzutage eigentlich zum Standard bei Kameras. Häufig ist jedoch nur eine Karte mit geringem Speicherplatz im Paketpreis enthalten.

▸ Ein **Stativ** erleichtert den ruhigen, ruckelfreien Dreh. Es ist ein nützliches Kamerazubehör und bietet für wenige Euro mehr einen enormen Qualitätsschub für Ihre Onlinevideos.

---

### Tipp

Lassen Sie sich von einem Verkäufer beraten, doch insbesondere für den Beginn von Videomarketing auf YouTube sind hochpreisige Kameras mit viel technischem Schnickschnack eher hinderlich als förderlich.

Nehmen Sie sich Zeit, die Funktionen der Kamera genau zu erkunden, doch verlieren Sie sich nicht darin. Es ist nur eine Kamera! Wenn es dann mit dem tatsächlichen Dreh losgeht, empfehlen sich drei Einstellungen für YouTube-Videos. Zum einen gibt es die Totale, um die komplette Szenerie einzufangen. Der Zuschauer erhält so einen ganzheitlichen Überblick über den Ort des Geschehens sowie die Akteure. Zweitens haben Sie die Möglichkeit, Aufnahmen aus mittlerer Entfernung anzufertigen. Dies eignet sich insbesondere, wenn Personen zu sehen sind, die im Handlungsumfeld eingefangen werden sollen. Zum anderen gibt es das sogenannte Close-up, also Aufnahmen aus kurzer Entfernung, das sich durch einen hohen Grad an Emotionalität auszeichnet. Wenn Sie diese drei Einstellungen mischen, erhalten Sie ein überzeugendes Onlinevideo, das Ihre Zuschauer anspricht und für Klicks in Ihrem YouTube-Kanal sorgt.

**Tischlerei Hohlrieder - Joinery Hohlrieder**

Hans Baumann · 60 Videos

Abonnieren  33

6.017

👍 4  👎 0

**Abb. 4.7:** Das YouTube-Video der Tischlerei arbeitet mit allen Kameraeinstellungen. Im Bild zu sehen: die Aufnahme aus mittlerer Nähe.

---

**Tipp**

Bedenken Sie, dass Sie das finale Video nicht an einem Stück drehen. Die einzelnen Szenen können in der Nachbearbeitung geschnitten und zusammengefügt werden.

## 4.3.2 Mikrofon/Ton

Die Zeiten des Stummfilms sind glücklicherweise vorbei, denn mit Ton lassen sich Informationen und Emotionen in Bewegtbildern noch direkter vermitteln. Deshalb sollte ein guter Ton in Ihrem Unternehmensvideo bei YouTube auf jeden Fall vorhanden sein, denn nichts ist ärgerlicher, als ein ansprechendes Video zu haben, bei dem die handelnden Akteure nicht zu verstehen sind. Viele Kameras verfügen zwar über ein eingebautes Mikrofon (ähnlich wie bei Ihrem Mobiltelefon), jedoch eignen diese sich kaum für eine qualitativ ausreichende Tonaufnahme. Häufig findet der Dreh zu weit entfernt von der Kulisse statt, sodass Stimmen der Personen nur sehr leise aufgenommen werden. Zudem nehmen interne Mikrofone alle Geräusche auf, die in unmittelbarer Nähe zu hören sind. Vor allem bei Außenaufnahmen kann dies sehr unangenehm und störend sein.

Wie bereits beschrieben, empfiehlt es sich, ein externes Mikrofon zu verwenden und dieses direkt mit der Kamera zu verbinden. Somit erhalten Sie authentische Tonaufnahmen, die exakt zu den Bildern Ihres Onlinevideos passen. Es gibt eine Vielzahl an Tonaufnahmegeräten in Form von Mikrofonen und je nach Bedarf eignen sich manche Modelle eher für Ihr Videomarketing als andere. Grundsätzlich zu unterscheiden sind folgende beiden Modelle:

1. Mikrofone mit breitem Aufnahmeradius

   Das Aufnahmegerät nimmt sämtliche Töne um das Mikrofon auf – also auch Hintergrundgeräusche. Es eignet sich für Unternehmensvideos, in denen beispielsweise Anlagen und technische Geräte vorgestellt werden, und somit die Geräuschkulisse ein bewertender Faktor für den Interessenten sein kann.

2. Mikrofone mit engem Aufnahmeradius

   Der Fokus der Tonaufnahme betrifft nur einen bestimmten Winkel des Mikrofons, sodass störende Geräusche in der Umgebung nur bedingt aufgenommen werden. Somit ist ein solches Gerät ideal für Interviews und Onlinevideos, in denen die Hintergrundgeräusche nicht gebraucht werden.

Neben der synchronen Aufnahme zur Videodatei gibt es die Möglichkeit, den Ton über ein separates Aufnahmegerät, zum Beispiel ein Diktiergerät, festzuhalten und nachträglich mit dem gedrehten Videomaterial zu mischen. Erfahrungsgemäß merkt der Zuschauer dies jedoch, insbesondere bei Interviews oder Gesprächen mit beteiligten Personen, und sollte deshalb speziell bei Anfängern auf dem Gebiet des Videomarketings vermieden werden.

*Abb. 4.8:* Mit einem professionellen Mikrofon gelingen die Tonaufnahmen noch besser. (Foto: KFX Media)

---

### Tipp

Speziell bei technischen Daten sollten Sie im Fachgeschäft oder im Elektronikfachmarkt nachfragen. So finden Sie das richtige Mikrofon für Ihr professionelles YouTube-Marketing.

### 4.3.3    Beleuchtung

Lampenfilter, professionelle Lichtstative und Co. sind für Unternehmensvideos nicht unbedingt vonnöten. Speziell bei Außenaufnahmen können Sie das natürliche Tageslicht ausnutzen. Daher ist von Videodrehs in den frühen Morgen- beziehungsweise späten Abendstunden abzuraten, weil hier das Sonnenlicht nicht stark genug ist. Da die Lichtverhältnisse bei Innenaufnahmen häufig nicht ausreichend sind, sollten Sie auf zusätzliche Lichtquellen, wie zum Beispiel Deckenlampen oder indirekte Beleuchtung zurückgreifen. Diese sind in der Regel ausreichend, um die Szenerie in ein ansprechendes Licht zu tauchen. Falls das Setting dennoch zu dunkel ist, ist der Einsatz von Lichtsets für Kameraaufnahmen zu erwägen. Für eine professionelle Ausleuchtung empfehlen Experten drei Lichtquellen (Führungs-, Aufhell- und Effektlicht), welche es oft im Set zu kaufen gibt. Hier ist zu berücksichtigen, wie viele Onlinevideos Sie veröffentlichen möchten und ob sich eine Investition lohnt. Für den Anfang empfehle ich jedoch, dass Sie sich mit der Materie des Drehs beschäftigen – die Optimierung Ihrer Videoinhalte inklusive Licht kann auch beim zweiten oder dritten Video beginnen.

*Abb. 4.9:* Natürlich auch als Onlinevideo erhältlich: So sieht eine professionelle Beleuchtung beim Videodreh aus. (*http://www.gutefrage.net/video/drei-punkt-beleuchtung-fuer-fotos-und-videos*)

---

### Tipp

Richten Sie die Kamera nie direkt auf die Lichtquelle aus. Die Aufnahmen werden überbelichtet und wirken sehr künstlich.

---

# 4.4 10 Tipps für gute YouTube-Videos

Eine einhundertprozentige Garantie, dass Ihre Videos einschlagen werden wie eine Bombe, gibt es nicht. Doch mit der Umsetzung wirklich einfacher Ratschläge für die Videoproduktion können Sie Ihren Onlineinhalten viel mehr Potenzial mit auf den Weg geben.

1. In der Kürze liegt die Würze! Bei einer so großen Anzahl an Onlinevideos möchte der User kurz und prägnant informiert werden. Das komplette Video sollte also nicht länger als drei Minuten sein. Erfahrungsgemäß sinkt die Aufmerksamkeitsspanne danach.

2. Markenbildung (Branding) ist gut, doch verzichten Sie auf lange Vorspänne mit Ihrem Logo. Das wirkt zu werblich!

3. Wen möchten Sie mit Ihrem Video erreichen und was ist die Kernaussage? Genau diese Fragen stellt sich auch der Zuschauer, denn er will wissen, was ihn die kommenden Minuten erwartet und ob die Inhalte ihm weiterhelfen. Vermitteln Sie deshalb in den ersten 20 Sekunden die Kernbotschaft!

4. Geben Sie Ihrem Unternehmen ein Gesicht! Personen als Akteure verleihen der sonst so starren Geschäftswelt eine persönliche Note. Doch aufgepasst: Sie sollten nicht allzu lange im Bild bleiben (maximal 20 Sekunden, ausgenommen das Interview).

5. Erzählen Sie eine Geschichte! Eine spannende Handlung bleibt eher im Gedächtnis als eine dröge Auflistung von Fakten.

6. Call-to-Action (Aufruf) ist ein Schlüsselbegriff im Onlinemarketing. Machen Sie den Zuschauer darauf aufmerksam, dass seine Meinung ebenfalls gefragt ist. Richten Sie das Wort direkt an den YouTube-User selbst! Bei der Optimierung (Kapitel 5) gibt es weitere Möglichkeiten, Ihre Zuschauer aktiv zu fordern!

7. Setzen Sie die rosarote Unternehmensbrille ab und fragen Sie sich: Würden Sie sich als Außenstehender das Video anschauen? Falls ja: Auf geht's zur Nachbearbeitung!

# 4.5 Nachbearbeiten ist Pflicht!

Die Dreharbeiten sind abgeschlossen und Sie mit Ihrer Rolle als Regisseur zufrieden? Doch bis Ihre Zuschauer Ihr Onlinevideo zu Gesicht bekommen, bedarf es eines finalen Schrittes: der Nachbearbeitung. Verschiedene Lichtverhältnisse, Unterschiede in der Lautstärke oder einzelne Szenen, die keinen fließenden Übergang haben: Diese Kleinigkeiten sollten Sie auf jeden Fall ausmerzen und so Ihr Video professionalisieren. Denn letztlich entscheiden die Qualität sowie das Thema des Videos über den Erfolg Ihres YouTube-Marketings mit eigenem Unternehmenskanal und eigenen Videoinhalten.

Beruhigend ist die Tatsache, dass für die Nachbearbeitung Ihrer Videos keine spezielle Ausbildung gefragt ist. Gute Software zur Videobearbeitung ist entweder kostenfrei oder für wenige Euro erhältlich. Häufig befindet sich bereits ein solches Programm auf Ihrem PC oder Laptop, sodass Sie direkt loslegen können. Aber auch wenn dies nicht der Fall ist, breitet Ihnen YouTube den roten Teppich aus und stellt Ihnen ein sehr einfaches Editierprogramm zur Verfügung. Da dieses Buch sich mit der kostengünstigen Umsetzung von YouTube-Marketing beschäftigt, möchte ich deshalb auch ausschließlich auf diese Möglichkeiten zurückkommen. Selbstverständlich erhalten Sie trotzdem Empfehlungen für Bearbeitungssoftware, falls Ihnen die Möglichkeiten von YouTube nicht weit genug gehen:

---

### Bearbeitungssoftware

MagixVideo Deluxe
- *http://www.magix.com/de/video-deluxe/*

Movie Maker (Windows)
- *windows.microsoft.com/de-DE/windows-live/movie-maker*

iMovie (Apple)
- *http://www.apple.com/de/ilife/imovie/*

---

Zurück zu den Möglichkeiten auf YouTube. Das Videoportal selbst gibt Ihnen einige fundamentale Chancen, Ihrem Video den letzten Feinschliff zu verleihen. Auf *https://support.google.com/youtube/answer/183851 ?hl=de* finden Sie eine Auflistung an technischen Details, die Ihnen mit dem You-Tube-Editor zur Verfügung stehen:

# Video-Editor von YouTube

Der Video-Editor umfasst folgende Funktionen:

- **Zusammenstellen** eines neuen Videos aus mehreren von dir hochgeladenen Videos und Bildern
- **Zuschneiden** deiner Clips auf die passende Länge
- **Hinzufügen von Musik** zu deinem Video aus einer Bibliothek genehmigter Titel
- **Anpassen** von Clips mit speziellen Tools und Effekten

**Abb. 4.10:** Der YouTube Video-Editor und seine Möglichkeiten

Nachfolgend werde ich die einzelnen Menüpunkte aufschlüsseln und für Sie erklären. Da YouTube möchte, dass so viele Videos wie möglich hochgeladen werden, sind die Fertigkeiten, die Sie in der Videobearbeitung mitbringen müssen, sehr gering. Einfach und verständlich führt Sie die »Mutter aller Videoportale« durch die Optimierung – aufrufbar unter *http://www.youtube.com/editor*.

## 4.5.1  Videos hochladen und zusammenstellen

Meisterregisseure wie Steven Spielberg drehen auch keinen Film in einem Rutsch durch. Das Schneiden und Zusammenfügen von einzelnen Szenen und Drehmomenten ist ein völlig natürlicher Prozess in der Filmproduktion. Grundvoraussetzung ist natürlich der erfolgreiche Upload der Videodateien. Klicken Sie hierfür auf die prominente Schaltfläche »Video hochladen« auf der YouTube-Startseite. Anschließend haben Sie folgende Möglichkeiten:

(X) Diese Funktion ist von Ihnen auszusuchen, wenn Sie eine Videodatei von einem Speichermedium, dem Laptop oder dem PC hochladen möchten.

(1) YouTube ermöglicht Ihnen, ein Video direkt mit einer Webcam aufzunehmen. Zuvor sollten Sie unbedingt überprüfen, ob die Videoqualität einer solchen Kamera ausreichend ist – ebenso wie die Tonqualität des Mikrofons. Diese Funktion ist eine einfache Methode, um beispielsweise Interviews aufzunehmen.

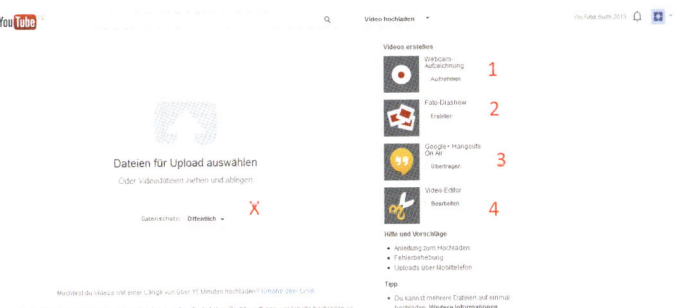

**Abb. 4.11:** Upload-Möglichkeiten für Ihr YouTube-Video

(2) Statische Fotos können auch zu Bewegtbildern werden. Mit der Foto-Diashow können Sie aus einzelnen Fotoabzügen eine ansprechende Diashow erstellen. Für Impressionen von einer Messe kann dies ein abwechslungsreiches Format sein.

(3) Google+ Hangouts ist eine von Googles neuesten Funktionen. Damit lassen sich Diskussionen, Aufführungen und Veranstaltungen live und öffentlich übertragen und gleichzeitig aufzeichnen. Ideal ist diese Funktion für Podiumsdiskussionen und Vorträge. Zuvor müssen Sie natürlich die Aufnahme- und Tonqualität überprüfen.

Ausführliche Infos zu Google+ Hangouts finden Sie auf

*http://www.google.com/intl/de/+/learnmore/hangouts/onair.html*

(4) Als untersten Punkt finden Sie den angekündigten Video-Editor. Hier befinden sich alle hochgeladenen Videoformate. Sie können als Clips verwendet werden, das heißt als Videokomponente. Ein neues Video kann aus bis zu 50 Clips und 500 Bildern bestehen.

Um die einzelnen »Bausteine« Ihres finalen Unternehmensvideos zusammenzustellen, geben Sie einfach im Suchfeld des YouTube-Editors den Namen der Videodatei ein, die Sie im Vorfeld hochgeladen haben. Auch Fotos können über das kleine Kamerasymbol gesucht werden.

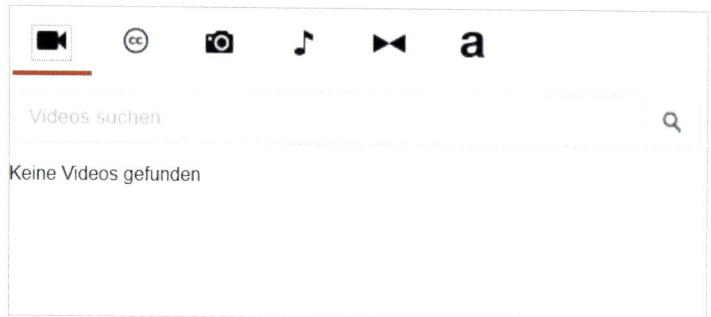

*Abb. 4.12:* Videos und Fotos als Clip hinzufügen

Nachdem Sie ein Video oder ein Foto ausgewählt haben, klicken Sie auf das kleine Pluszeichen. Alternativ können Sie den Clip beziehungsweise das Bild im YouTube-Editor auf die Zeitachse ziehen (siehe Abbildung 4.13).

*Abb. 4.13:* Die Zeitachse Ihres YouTube-Clips, aufgeteilt in Video und Audio

Alles angeordnet und chronologisch sortiert? Dann kann es mit dem Schneiden der eigenen Sequenzen weitergehen.

## 4.5.2  Videos zuschneiden und verlängern

Auf einer solchen Zeitachse lassen sich die einzelnen Segmente kürzen und verlängern. Dies ist spielend einfach: Bewegen Sie die Maus über die äußeren Kanten des Videos. Indem Sie nun mit gedrückter Maustaste den Cursor nach innen ziehen – also zur Mitte des Videos –, verändert sich die

Länge des Clips. Gegenteilig funktioniert dies beim Verlängern. Durch das »Herausziehen« der Kanten von der Clipmitte weg wird das Video verlängert. Erreicht die Dauer des Videos die Originallänge, bedeutet dies für YouTube die Wiederholung des ausgesuchten Clips.

Anhand eines Beispielvideos von YouTube möchte ich diese Funktionen noch einmal kurz darstellen. Abbildung 4.14 zeigt das Kürzen und Verlängern auf der Zeitachse im YouTube-Editor:

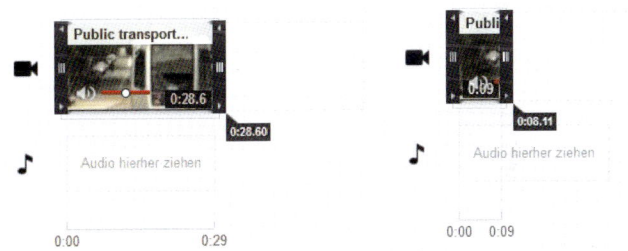

**Abb. 4.14:** Der Clip vor und nach dem Schneiden

Auch das Zerschneiden ist möglich. Gibt es beispielsweise eine Sequenz in der Mitte eines Videos, die Sie gerne für das Endvideo verwenden möchten? Führen Sie die Maus über das Video und klicken Sie auf das kleine Scherensymbol. Durch das Verrücken der Markierung können Sie sekundengenau die Stelle abstecken, die Sie benötigen. Ein anschließender Klick auf die Schere und fertig!

### 4.5.3 Videoeffekte

Zusätzlich lassen sich auch einige Effekte in Ihr Video integrieren. Mit einem Klick auf den jeweiligen Clip öffnet sich die Bearbeitungsfläche (siehe Abbildung 4.15), in der Sie folgende Aktionen durchführen können:

(1) Farben korrigieren, Helligkeit und Kontrast sowie Zoomen: Mit den Effekten können Sie Ihre Onlinevideos noch ansprechender gestalten und eventuelle Produktionsfehler kaschieren.

(2) Mit der Slow-Motion-Funktion (Zeitlupe) lassen sich bestimmte Szenen in der Abspieldauer verlangsamen. Besonders um Produktionsabläufe von Maschinen zu verdeutlichen, kann dieser Effekt sehr nützlich sein.

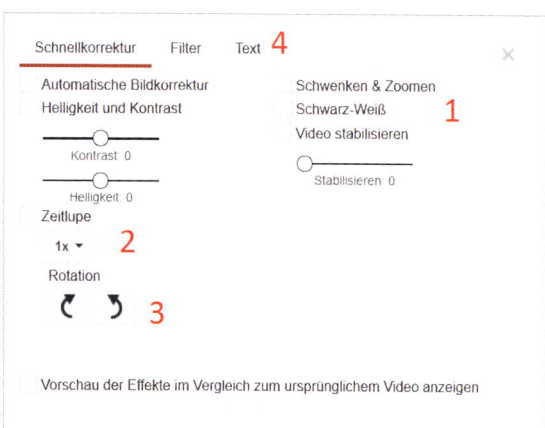

*Abb. 4.15:* Effekte lassen sich spielend einfach in Ihr Video integrieren.

(3) Drehen: Hier können Sie das Video um jeweils 90 Grad drehen.

(4) Zusätzlichen Text, zum Beispiel für Erklärungen, können Sie in diesem Bereich einfügen.

---

### Tipp

Übung macht den Meister! Probieren Sie die einzelnen Effekte aus und entdecken Sie die Möglichkeiten. Falls Ihnen das Resultat nicht gefällt, können Sie die Effekte einfach zurücksetzen!

---

## 4.5.4   Ton und Musik

Auch wenn Sie bei der Aufnahme Ihres YouTube-Videos darauf geachtet haben, dass die Aufnahmelautstärke des Tons gut war, kann es passieren, dass dieser im fertigen Video doch zu leise oder gar zu laut ist. Im Video-Editor haben Sie die Möglichkeit, die Lautstärke manuell anzupassen. Bewegen Sie hierzu den Mauszeiger an eine Stelle in der Zeitachse der von Ihnen zu bearbeitenden Videosequenz. Mit einem Klick auf den Lautstärkeregler (siehe Abbildung 4.16) können Sie die Lautstärke nach Ihren Wünschen anpassen.

*Abb. 4.16:* Die Lautstärke pro Clip lässt sich einfach regulieren.

Wenn Sie sich gegen Ihre Tonaufnahme entschieden haben und stattdessen lieber eine ansprechende Hintergrundmusik laufen lassen möchten, ist dies ebenfalls in diesen Einstellungen möglich. Klicken Sie auf die kleine Note (siehe Abbildung 4.17) und es öffnet sich eine Auswahl verschiedener lizenzfreier Musikstücke, die Sie für Ihr Video verwenden dürfen. Entweder Sie suchen ein konkretes Lied über die Suchfunktion oder Sie durchstöbern die vielfältigen Genres.

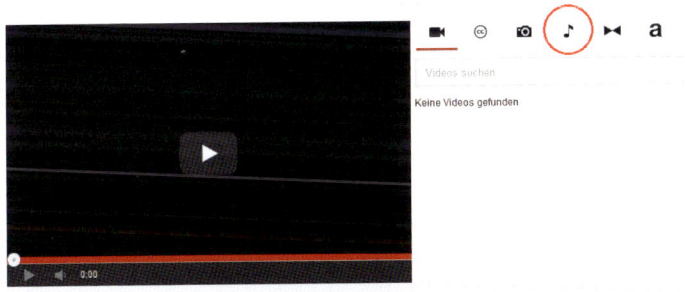

*Abb. 4.17:* Eine Vielzahl an genehmigten Musikstücken finden Sie über die Musiknote im YouTube-Editor.

Nachdem Sie sich für einen Titel entschieden haben, ziehen Sie ihn anschließend auf die Zeitachse. Sie können dabei auch mehrere Musikstücke für einen Videoclip verwenden. Ist dies geschehen, ersetzt die Musik Ihren Original-Audiotrack. Wie auch beim Aufnahmeton können Sie die Lautstärke anpassen – und zwar durch den Lautstärkeregler rechts neben dem Namen des Tracks.

Es schadet auf keinen Fall, diese Funktion für sich zu entdecken.

---

### Vorsicht

Finger weg von Populärmusik. Viele Lieder unterliegen dem Urheberrecht und dürfen nicht ohne Weiteres verwendet werden. Nutzen Sie daher die frei erhältlichen Musikstücke von YouTube oder eigens komponierte Lieder. Andernfalls drohen Ihnen Abmahnungen.

---

## 4.6    Zusammenfassung

Regisseur eines eigenen Unternehmensvideos zu sein, ist eine spannende Aufgabe, der Sie sich nun stellen können. Genug kreative Ideen haben Sie dafür und für die Umsetzung in ein mitreißendes oder informatives Online-video braucht es nicht viel. Wichtig ist, dass Sie sich für den Ablauf ein Grobkonzept überlegen und dieses schriftlich – und wenn es auch nur Notizen sind – festhalten. Mit einem roten Faden und einem straffen Spannungsbogen gelingt auch der Dreh eines solchen Formats im Nu.

Apropos Format: Bevor Sie eine Kamera in die Hand nehmen, ist die Auswahl des Genres ein wichtiges Anliegen. Soll es ein persönliches Interview werden, eine reine Dokumentation oder doch eher ein amüsantes Comedy-Video? Seien Sie sich im Klaren, wohin die Reise gehen soll und was gut zu Ihrem Unternehmen passt. Verabschieden Sie sich dabei jedoch von zu starren Mustern: Kreative Ideen sollten diskutiert und im Zweifel einfach umgesetzt werden. Anhand der Analyse kann dann immer noch kritisch bewertet werden, ob sich ein solches Format für das zukünftige Videomarketing lohnt.

Auf Basis dieses profunden Wissens fruchtet auch die Produktion des Videos gut. Kamera und Ton müssen insbesondere zu Beginn nicht auf einem Topniveau sein, denn auch mit relativ kostengünstigen Aufnahmegeräten lassen sich ansprechende Bewegtbilder festhalten. Eine Beratung im Fachmarkt kann Ihnen weiterhelfen, welche Geräte für Sie geeignet sind. Wichtig dabei ist, dass Sie auf eine angenehme Helligkeit sowie einen gut verständlichen Ton achten.

In der Nacharbeitung können Sie Schnitzer ausbügeln und Ihrem Onlinevideo auf YouTube den letzten Feinschliff verpassen. Hintergrundmusik, Videoeffekte sowie das Zusammenschneiden einzelner Clips lassen sich sowohl mit kostenpflichtigen Bearbeitungsprogrammen als auch mit dem kostenfreien Editor realsieren, den YouTube bereitstellt. Hier lohnt es sich, ein wenig Zeit in den Umgang mit dem Tool zu investieren, denn Sie werden erstaunt sein, welche Kleinigkeiten ein erfolgreiches Onlinevideo ausmachen. Das Tolle an YouTube ist: Gefallen die Effekte nicht, können sie mit einem einfachen Klick wieder zurückgesetzt werden.

# 4.7   Drei Fragen an…

Thomas Mix, 44 Jahre alt und wohnhaft in London. Seit über 18 Jahren beschäftigt er sich als freier Berater mit der Produktion von Videos. In Deutschland betreut Mix seit drei Jahren die KFX Media Gruppe als freier Seniorberater. Im Jahre 2012 wurden die von KFX Media produzierten Videos über 23.000.000 Mal auf YouTube angeschaut.

**Produktvideos, Interviews, Tutorials oder Unternehmensfilm: Gibt es ein Format, das besonders erfolgreich ist?**

Nein, es gibt kein Format, welches besser oder erfolgreicher ist als ein anderes. Man kann die Formate im direkten Vergleich nicht mit dem Attribut besser oder schlechter bewerten. Es stellt sich vielmehr die Frage, welches Format benötige ich, um einen konkreten Zweck oder ein bestimmtes Ziel zu erreichen. Primär würde ich mir also immer erst die Frage stellen, was möchte ich mit meinem Video erreichen? Was ist der Sinn und Zweck meines Projektes?

Will ich ein Unternehmen oder ein Projekt präsentieren, um beispielsweise ein Image zu gestalten oder aufzubauen, dann benötige ich ein Unternehmensvideo oder einen Imagefilm. Geht es allerdings eher um ein konkretes Produkt, das ich dem User anschaulich im Video präsentieren möchte, dann benötige ich ganz klar ein klassisches Produktvideo. In einem Produktvideo geht es in erster Linie nicht darum, ein Image aufzubauen, sondern vielmehr dem Betrachter den Benefit des Produktes zu vermitteln.

Ist mein Produkt schon bekannt und potenzielle Nutzer möchten mehr über das Produkt wissen beziehungsweise haben konkrete Fragen, beispielsweise zum »Gebrauch« des Produktes, sollte ich ein Tutorial vom Produkt produzieren. Dieses Tutorial kann dann auch ein längeres Video sein, denn User »klicken« diese Videotutorials an, weil Sie ganz konkrete Informationen haben wollen, und sind dann auch bereit, sich umfangreichere Videopräsentationen anzuschauen.

Man sieht anhand der aufgeführten Beispiele, dass erfolgreiche Videos immer einen Bezug zum Inhalt und zur Botschaft haben müssen. Einzelne Formate haben immer eine klare Aufgabe und verfolgen ein vordefiniertes Ziel. Der Erfolg eines Videos ist nicht im Format zu finden, sondern vielmehr darin, das richtige Format für meinen Zweck auszuwählen.

Habe ich das ideale Format definiert, dann sollte ich mich konsequent im Rahmen des Formates bewegen. Halte ich mich nicht an diese Regel, dann gehe ich die Gefahr ein, dass der User sich in meinem hochgeladenen Video nicht zurechtfindet und das Video nach wenigen Sekunden abbricht. Bemerke ich, dass ein Videoprojekt sowohl dem einen oder anderem Format zuzuordnen ist, sollte ich immer darüber nachdenken, ob ich dann nicht lieber zwei Videos produzieren soll, anstatt eine »Mischmasch«-Lösung anzustreben.

**Was ist Ihr Geheimtipp für die Produktion eines guten YouTube-Videos?**

Mein Geheimtipp ist eher von einer komplexeren Sichtweise geleitet. Die Erfahrung zeigt, dass die Summe vieler einzelner Faktoren ein Video erfolgreich macht. Vielleicht kann man das in etwa mit der »Formel 1« vergleichen. Möchte ich Weltmeister werden, dann müssen Tausende von einzelnen Faktoren optimal aufeinander abgestimmt sein. Nur derjenige hat eine Chance, vorne mitzufahren, der wirklich alle Erfolgsfaktoren kennt und optimiert.

Auch meine Erfahrung hat mich gelehrt, dass nicht unbedingt nur die Idee, eine Szene oder die Produktionsqualität im Einzelnen den Erfolg bringt. Es sind vielmehr die einzelnen kleinen Komponenten, die harmonisch zu einem Ganzen kreiert werden müssen.

Als Basis benötigt man immer eine »gute« Idee, aber auch das handwerkliche Geschick, die Auswahl der Location, die Mitwirkenden, der Ton, das

Licht, die Platzierung des Kanals und vieles mehr entscheiden für oder gegen die Aufrufe eines Videos. Eine gute Planung, durchdachte Konzepte und Freude an der kreativen Arbeit schaffen Videohits.

Damit sich diese Sichtweise nicht zu theoretisch und zu komplex darstellt, kann man sich selbst vor einem Projekt immer die einfache Frage stellen: »Würde ich mir dieses Video gerne anschauen und ist es für mich selbst ein HIT?«. Beantworte ich mir die Frage mit »Ja«, dann bin ich auf dem richtigen Weg, ein »gutes« YouTube-Video zu produzieren.

### Video-Upload ohne Nachbearbeitung – empfehlenswert?

Diese Frage würde ich ganz klar mit »Nein« beantworten. Selbst wenn ich eine sehr realistische und authentische oder auch eine Anmutung einer Liveproduktion bezwecken möchte, sollte ich den potenziellen User nicht unnötig mit »nervigen« Fehlern im Video strapazieren und zum Abbrechen meines Videos zwingen.

Kleinste Fehler wie beispielsweise zu leiser Ton, langatmige Szenen usw. kann man schnell und einfach in der Nachbearbeitung beheben. YouTube soll Spaß machen und niemandem macht es Freude, sich ein Video anzuschauen, in dem ich den Ton nicht verstehen kann oder in dem eine wesentlich bestimmende Szene nicht erkennbar ist. Durch kleine Korrekturen, beispielsweise durch Wiederholen einer für die Handlung des Videos wichtigen Sequenz oder deren Markierung durch einen Pfeil, kann ich einen Film sehr aufwerten. Es lohnt sich immer, vor dem Hochladen das Video kurz zu sichten. In der Regel fallen immer kleinste Korrekturen an, die dann doch sehr entscheidend für den späteren Erfolg sind.

Man kann sagen, was einen selbst beim Betrachten anderer Videos an durch Postproduktion behebbaren Fehlern stört, sollte man unbedingt auch selbst vermeiden.

# 4.8 Checkliste

Nachdem Sie nun das Wichtigste zur Produktion von Onlinevideos gelesen haben, sollte bei den kommenden fünf Aussagen überall ein Häkchen sein.

❏ **Format:** Ich habe mir genau überlegt, welches Format ich für das Unternehmensvideo wähle (Interview, Dokumentation etc…).

❏ **Roter Faden:** Für das YouTube-Video existiert ein Grobkonzept mit einem Spannungsbogen.

❏ **Aufnahme:** Ich verfüge über eine Kamera, mit der ich das Video in einer guten Qualität aufnehmen kann.

❏ **Aufnahme II:** Über ausreichende Ton- und Lichtverhältnisse habe ich mir Gedanken gemacht.

❏ **Postproduktion:** Die Nachbearbeitung des Videomaterials sowie das Zusammenstellen eines finalen Onlineclips gehören für mich zum Produktionsablauf selbstverständlich dazu.

# Kapitel 5

# Videos optimieren

Nachdem nun das Onlinevideo im eigenen YouTube-Kanal hochgeladen wurde, ist es an der Zeit, Ihren Inhalten ein wenig Starthilfe zu verleihen. Über die möglichen Ziele eines YouTube-Channels wurde ja bereits ausführlich diskutiert. Egal, welche Ambitionen Sie mit der Produktion und Publikation haben: Ihre Videos sollen angeschaut werden und das bedingt eine gute Auffindbarkeit im Internet. Umso trauriger ist es, dass es eine Vielzahl an Inhalten auf der Videoplattform gibt, die wirklich gut gemacht sind und auf themenspezifische Fragestellungen antworten, jedoch kaum oder nur auf den hinteren Plätzen gefunden werden. Dabei lassen sich mit einfachen Tipps und Tricks gute Erfolge erzielen.

Im folgenden Kapitel steht YouTube als Suchmaschine im Vordergrund. Es ist deshalb sehr wichtig, dass Sie die Bewertungsgrundlagen einer solchen Suchmaschine verstehen, um die entsprechenden Schritte daraus abzuleiten. Im Grunde genommen kündigen Sie Ihren Job als Regisseur, den Sie noch bis eben innehatten, und treten in die Fußstapfen eines Suchmaschinenoptimierers. Denn nichts anderes tun Sie mit den Maßnahmen, die Sie im kommenden Kapitel kennenlernen werden – Sie optimieren Ihre Inhalte, damit diese in den Suchmaschinen zentraler angezeigt werden.

# 5.1    Suchmaschinenoptimierung (SEO)

Als Suchmaschinenoptimierung oder auch Search Engine Optimizing (SEO) beschreibt man Maßnahmen, die der Verbesserung des Rankings in der Suchmaschine dienen. Google, Bing, Yahoo und Co. ermitteln die Suchergebnisseiten anhand spezieller Kriterien, das heißt jede Website wird in Bruchteilen von Sekunden bewertet und entsprechend in den Ergebnissen angezeigt. Platt ausgedrückt: Sind die Inhalte positiv, die der Suchmaschinencrawler entdeckt, wird die Website prominent angezeigt. Gibt es technische Hindernisse oder ist der Inhalt wenig aufbereitet, passiert das Gegenteil. Abbildung 5.1 zeigt exemplarisch, wie eine solche Suchergebnisseite aussieht.

Diese Suchergebnisseite teilt sich dabei in bezahlte Suchergebnisse und über organische Suchergebnisse auf. Die helllila unterlegten Ergebnisse – in der Abbildung mit Sternchen versehen – sind dabei Anzeigen, die gegen

Geld geschaltet werden. Ebenso verhält es sich mit den Textanzeigen unterhalb der Karte auf der rechten Seite. Die drei anderen Anzeigen im Bildausschnitt sind die natürlichen Suchergebnisse, die kostenlos und ohne kompliziertes Zahlsystem auf der Suchergebnisseite erscheinen. Ziel von SEO ist es, Websites oder bestimmte Zielseiten in diese organischen Suchresultate zu bekommen. Doch wie stufen Google, Yahoo und andere Suchmaschinen die Inhalte einer Internetpräsenz ein?

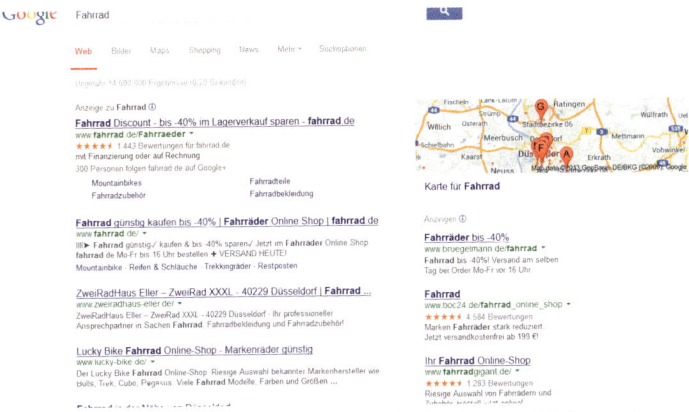

***Abb. 5.1:*** Suchergebnisseite auf Google für den Begriff »Fahrrad«

Über die Bewertungskriterien von Suchmaschinen wird immer wieder spekuliert. Niemand kann exakt bestimmen, was die Faktoren für ein Ranking in den vorderen Plätzen sind, jedoch sind sich die Experten über bestimmte Einflüsse einig. Title, Description sowie aussagekräftige Namen sind hier einige wenige von insgesamt mehreren Dutzend von Bewertungskriterien, welche die Seite selbst betreffen (OnPage-Optimierung). Aber auch fernab der eigentlichen Website sind Maßnahmen erforderlich, um die Popularität von Inhalten zu unterstreichen. Man spricht hier von der sogenannten OffPage-Optimierung, also Umsetzungen, die nicht auf der eigentlichen Seite passieren. Dies sind Verweise in Form von Links von anderen Websites auf die entsprechende Domain.

## Wichtige SEO-Begriffe

**Title/Seitentitel**: Jede einzelne Unterseite einer Website kann mit einem individuellen Seitentitel bestückt werden. Im Browserfenster sehen Sie diesen ganz oben. Auf der Suchergebnisseite ist dies der Titel des Ergebnisses, auf den Sie klicken können. Ein Title sollte maximal 70 Zeichen enthalten.

**Description/Beschreibung**: Zusätzlich zu einem Title kann man der Unterseite auch einen individuellen Beschreibungstext verpassen. Auf der Suchergebnisseite ist dieser unterhalb des anklickbaren Links zu sehen. Eine Description sollte maximal 156 Zeichen lang sein.

**Keywords/Schlagwörter**: Essenziell wichtig waren früher die Keywords in den Metadaten. Dabei handelt es sich um fünf bis sechs Begriffe, die auf einer Zielseite besonders häufig vorkommen. In den Suchergebnissen werden die Keywords nicht angezeigt.

**Backlinks/Rückverweise**: Bei einem Backlink handelt es sich um einen digitalen Verweis von einer anderen Website auf die Ihre. Dabei unterscheidet man zwischen einem Link, der ein Stück der Bekanntheit der Seite überträgt (follow-Link), und Links, die keine Kraft weitergeben (nofollow-Link).

Suchmaschinenoptimierung in einem so kleinen Abschnitt zusammenzufassen ist schwierig und sicherlich haben Sie schon das ein oder andere über SEO gehört. Wichtig ist es mir, Ihr Bewusstsein dafür zu schärfen, dass YouTube nicht nur ein Videoportal ist, auf dem Sie Onlinevideos hochladen können. Auch hier lassen sich klassische Suchmaschineneigenschaften wiederfinden. Und wenn es bei Google und Co. spezielle Bewertungskriterien gibt, die die Position einer Website beeinflussen können, so ist es bei YouTube nicht anders.

Wie vielfältig die Bewertung Ihres Onlinevideos erfolgt, hat Simon Rüger in einer speziellen Grafik zusammengestellt. Abbildung 5.2 verdeutlicht, welche Faktoren eine Rolle spielen.

Bevor Sie nun die Hände über dem Kopf zusammenschlagen, kommt die Entwarnung. Sicherlich spielen die in der Grafik abgebildeten Kriterien eine Rolle bei der Videooptimierung, jedoch sind die Faktoren größtenteils von Ihnen abzudecken – Sie schaffen das! Und das Beste: In Kapitel 2 haben Sie bereits Dinge erledigt, die zum Erfolg Ihres Onlinevideos beitragen, denn der Unternehmenskanal spielt ebenfalls eine wichtige Rolle.

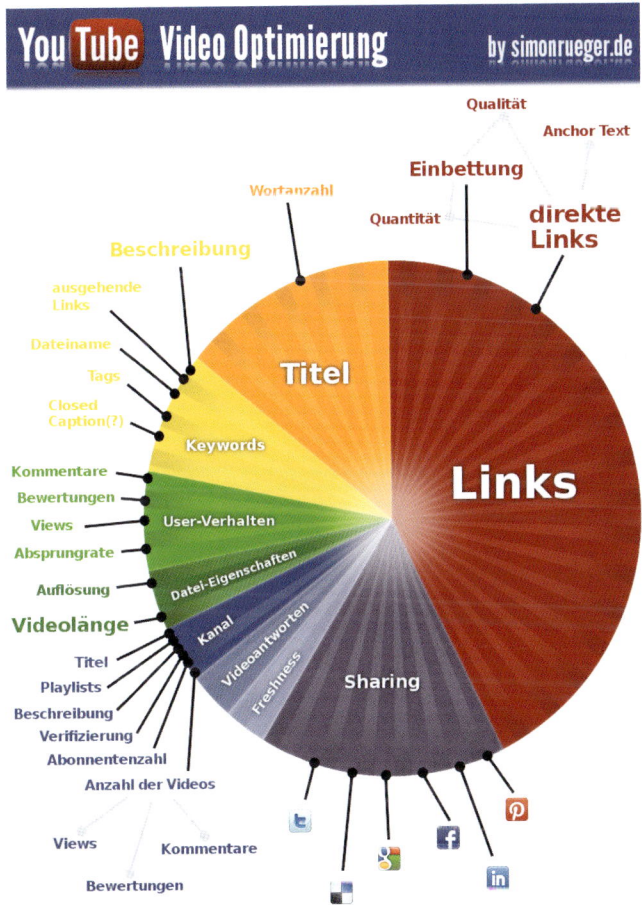

***Abb. 5.2:*** YouTube-Bewertungskriterien nach Simon Rüger (*http://www.simonrueger.de/Video-SEO-YouTube-Videos-optimieren-Tutorial.html*)

Die Maßnahmen teilen sich wie bei der Suchmaschinenoptimierung in Maßnahmen auf YouTube selbst und solche, die außerhalb der Videoplattform stattfinden, auf. Zunächst konzentriere ich mich auf die Arbeitsschritte, die Sie auf YouTube selbst realisieren können.

# 5.2 Basics

Die Grundoptimierung der eigentlichen Videodatei ist der erste Schritt, den Sie vor dem Upload des Videos beherzigen sollten. Die Einstellungen, die Sie zu Beginn Ihres YouTube-Marketings treffen, stellen ein solides Fundament für Ihr Onlinevideo dar. Das Tolle daran: Die Maßnahmen sind schnell umgesetzt!

## 5.2.1 Videodateiname

YouTube als Suchmaschine schaut sich gerne Videos an. Doch wie soll das Portal wissen, wovon Ihre hochgeladene Datei handelt und was das Thema des Videos ist? Noch ist YouTube noch nicht so weit, die Inhalte von Bewegtbildern auszuwerten. Deshalb müssen Sie den Crawlern von YouTube kleine Anhaltspunkte geben.

### Hinweis

Crawler sind Computerprogramme, die automatisch eine Website auslesen und analysieren. Sie liefern der Suchmaschine wichtige Informationen, um ein Suchergebnis ausgeben zu können. Ein optimierter Internetauftritt, zum Beispiel bei YouTube, erleichtert dem Webcrawler die Analyse.

Bereits der Dateiname Ihres Videos auf dem Speichermedium – sei es Handy, Laptop, Tablet, PC oder von der Digitalkamera selbst – ist ein solcher Wegweiser. Viele Dateien haben eine vorgegebene Zahlen- und Buchstabenfolge. Mit diesem Namen wird es YouTube schwer haben, den Inhalt ordnungsgemäß einzuordnen. Benennen Sie deshalb vor dem Hochladen und Bearbeiten Ihres Videos die Datei um. Geben Sie dem Kind einen Namen, der auch dem tatsächlichen Thema entspricht, anstatt die Datei »video1« oder »firmenvideo112013« zu nennen. Wenn Ihr Video über den Produktionsablauf beim Schweißen geht, dann nennen Sie es auch »Schweißtechnik-in-der-Praxis«. Zum Umbenennen klicken Sie mit der rechten Maustaste auf die Datei. Im Auswahlmenü sehen Sie den Punkt »Umbenennen« (siehe Abbildung 5.3).

Falls Ihre Datei aus verschiedenen Wörtern bestehen soll, so trennen Sie diese durch einfache Bindestriche und schreiben Sie sie alle klein. Beispiel: »hundedressur-mit-labrador«. Die Endung des Dateiformats wird automatisch vom System hintendran gehängt.

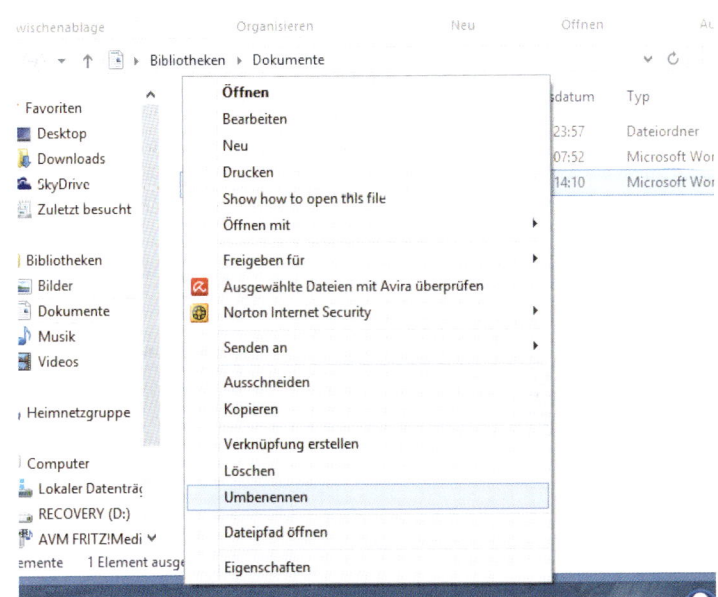

*Abb. 5.3:* Dateien umbenennen – so geht es richtig

## 5.2.2 Auflösung

Ein sehr essenzieller Schritt ist es, Ihre Onlinevideos in der bestmöglichen Auflösung anzubieten. Oder möchten Sie sich gerne Videos ansehen, die wackelig sind oder sehr verpixelt? YouTube nämlich auch nicht, sodass die Auflösung und somit die Qualität Ihrer Videos ebenfalls beachtet werden.

Häufig werde ich gefragt, was die Mindestqualität für ein YouTube Video ist. Generell gilt: Je höher die Pixelanzahl, desto besser! Als Mindestwert sollten Sie jedoch 240p erreichen, um auch Ihren Usern ein gutes Video-niveau zu bieten.

In den Anfangsjahren musste YouTube bezüglich der geringen Qualität seiner Videos einiges an Kritik einstecken. Dies hat sich aufgrund der Verbesserungen in der Technik enorm gesteigert, sodass es fast jedem User möglich ist, Video- und Audiodateien in einer höheren Ton- und Bildqualität zu liefern. YouTube bietet die Möglichkeit an, die Videos im HD-Format (720p

oder 1080p) oder in der Auflösung von 4096 × 2304 Pixel (4K2K) hochzuladen. Überprüfen Sie bei Ihrer Kamera, welche Aufnahmen möglich sind,
und wählen Sie eine gute Einstellung. Gewarnt sei vor allzu hohen Auflö-
sungen. Zwar gehört High Definition (HD) heutzutage zum Standard und
ist auf YouTube absolut empfehlenswert, jedoch kann es bei langsamen
Internetverbindungen zum Ruckeln beim Abspielen kommen. Nichtsdes-
totrotz: Setzen Sie auf hochqualitative Videos!

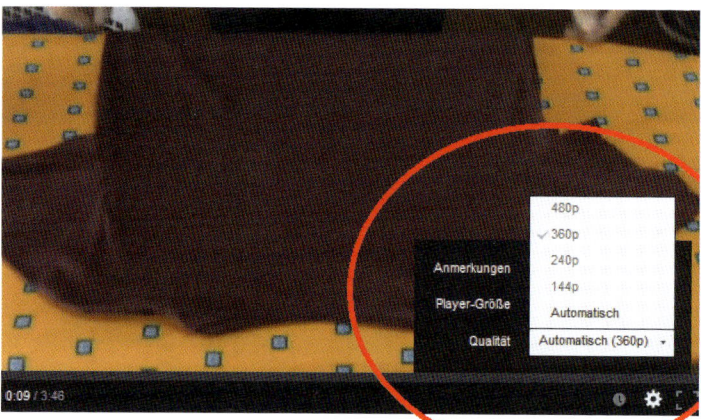

**ch genial - T-Shirt falten mit Ralph**

***Abb. 5.4:*** Mit dem kleinen Zahnrad können Sie als Zuschauer die Wiedergabe-
Qualität des Onlinevideos einstellen.

---

### Hinweis

YouTube ermöglicht es zudem, die Videoqualität bei einer schnelleren Inter-
netverbindung zum Positiven zu beeinflussen. Hierbei stellt das Portal automatisch von Standard Definition (wie 240p oder 360p) auf High Definition
(720p oder 1080p) um.

---

## 5.2.3  Videolänge

Laut vieler Experten spielt die Länge eines Onlinevideos ebenfalls eine
Rolle, die für die Position in den YouTube-Suchergebnisseiten bedeutend
ist. Offen gestanden bin ich mir bei diesem Kriterium nicht sicher, ob ein

zwei Minuten langes Video, zum Beispiel zum Thema »Geschenke verpacken«, wirklich relevanter ist als eine zehnminütige Dokumentation darüber. Natürlich kommt es auf das Gesamtpaket an Optimierungen an, die dafür sorgen, ob ein Videoinhalt prominent angezeigt wird. Meiner Meinung nach ist die Videolänge keineswegs so ausschlaggebend für eine gute Platzierung. Denn die Vergangenheit hat immer wieder gezeigt, dass YouTube auch auf mehrminütige Beiträge der User setzt. Im Jahr 2010 erlaubte die Videoplattform seinen Mitgliedern, Inhalte bis zu einer Maximallänge von 15 Minuten hochzuladen, ein Jahr später, im September 2011, entfiel diese Regelung komplett und eine unbegrenzte Filmlänge wurde für verifizierte User eingeführt.[14] Dies sind für mich Ereignisse, die belegen, dass YouTube die Länge der Videos relativ egal ist, solange das jeweilige Format auch Zuschauer findet.

**Abb. 5.5:** Auch fünf- beziehungsweise zehnminütige Videos haben die Chance, einen prominenten Platz in der Suchergebnisseite einzunehmen.

Bestätigung findet sich auch bei einer manuellen Überprüfung eines Suchergebnisses auf YouTube. Überprüft wurde das oben genannte Beispiel »Geschenk verpacken« – und siehe da: Die beiden ersten Ergebnisse sind mehrminütige Videos, obgleich es auch kürzere Videos gibt.

Wichtig ist, dass Ihr dramaturgisches Gerüst nicht in sich zusammenfällt, nur weil Sie ein längeres Video produzieren. Deshalb gilt die Regel, dass Ihr

---

14. *http://t3n.de/news/youtube-gibt-gas-unbegrenzte-filmlange-3d-videos-332220/*

Video nur so lang wird, wie es auch wirklich sein muss. Lassen Sie unwichtige Dinge draußen und filmen Sie ausschließlich Relevantes. Ihre Zuschauer werden es Ihnen mit einem Klick danken!

## 5.2.4 Thumbnail

Damit sich Ihre Interessenten mit einem Klick für Ihr Onlinevideo entscheiden, ist ein aussagekräftiges Standbild, das sogenannte Thumbnail (englisch für Daumennagel), sehr wichtig. Dieses kleine Bild stellt für die YouTube-User ein wichtiges Entscheidungskriterium dar. In der Vielzahl an Videos in der Ergebnisliste muss Ihr Video einfach ins Auge stechen – und mit einem guten, interesseweckenden Bild tut es das. Ein attraktives Video-Thumbnail ist ein entscheidender Klickfaktor.

YouTube selbst gibt sehr umfassende Richtlinien vor, welche Bedingungen ein Thumbnail erfüllen soll.[15] Resümierend ergeben sich daraus folgende Punkte:

1. Das Thema Ihres Videos sollte auf dem Standbild treffend abgebildet sein. Handelt Ihr Onlinevideo beispielsweise von den verschiedenen Druckverfahren in der Druckindustrie, sollte auch ein Druckprozess dargestellt werden. Wählen Sie dabei visuell ansprechende Bilder, denn nur so können Sie den User in der Kürze der Zeit überzeugen. Hilfreich ist es, wenn Sie sich selbst beziehungsweise einen Mitarbeiter abbilden. Denn der persönliche Kontakt kann ebenfalls eine treibende Kraft sein, auf das Video zu klicken.

2. Klare, fokussierte Videoausschnitte in hoher Auflösung (mindestens 640 x 360 Pixel, Seitenverhältnis 16:9) eignen sich laut YouTube ideal für ein Thumbnail. Der Ausschnitt sollte hell mit hohem Kontrast sein, da er auf diese Weise besonders wirkt – speziell auch auf mobilen Endgeräten mit einem kleineren Bildschirm. Auch die Wahl eines monotonen Hintergrunds kann weitere optische Reize darstellen.

### Tipp

Schon bei der Produktion sollten Sie spezielle Einstellungen filmen, die sich für ein Thumbnail eignen. So haben Sie mit einem Klick ein aussagekräftiges Vorschaubild für Ihr Onlinevideo.

---

15. Siehe auch *http://www.youtube.com/yt/playbook/de/thumbnails.html*

Sie haben nach dem Upload Ihres Onlinevideos zwei Möglichkeiten, ein Thumbnail zu bestimmen. Zum einen schlägt Ihnen YouTube drei Bilder aus Ihrem Video vor, zum anderen können Sie Ihr eigenes Thumbnail auswählen beziehungsweise von Ihrem Computer hochladen. Diese Funktion ist jedoch ausschließlich für verifizierte YouTube-Konten freigeschaltet, das heißt, wenn Sie Ihr Konto zuvor durch einen Code bestätigt haben.

## YouTube-Konten verifizieren

Durch Eingabe eines Zahlencodes durch den User kann das YouTube-Konto freigeschaltet werden. Als Besitzer eines verifizierten Unternehmenskanals stehen Ihnen zusätzliche Funktionen zur Verfügung, beispielsweise das angesprochene individuelle Thumbnail, längere Videos von bis zu 15 Minuten oder zusätzliche Anmerkungen. Weitere Informationen dazu gibt es unter folgendem Link: *https://www.youtube.com/verify*

Ohne Verifizierung steht Ihnen im Video-Manager nur eine begrenzte Auswahl zur Verfügung. Abbildung 5.6 zeigt ein schnelles Beispielvideo meiner Webcam (und mich mit Brille), um Ihnen die eingeschränkte Thumbnail-Funktion zu verdeutlichen.

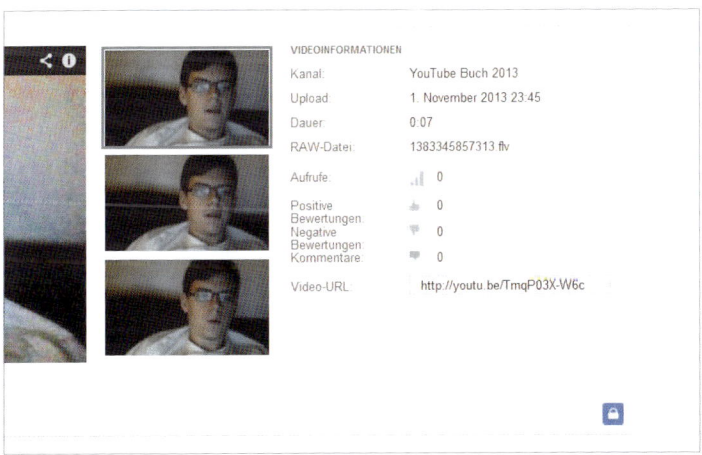

*Abb. 5.6:* Thumbnail-Optionen ohne bestätigtes YouTube-Konto

Nach der Verifizierung haben Sie Zugriff auf ein benutzerdefiniertes Thumbnail. Das Einpflegen eines solchen Standbildes zu Ihrem Video ist denkbar einfach. Gehen Sie hierzu in den Video-Manager Ihres Kanals und klicken Sie anschließend neben Ihrem Video auf die Auswahl »Bearbeiten«. Anschließend gelangen Sie in eine Maske, in der Ihnen, wie auch bei einem Konto ohne Verifizierung, drei automatisch generierte Thumbnails zur Auswahl vorgeschlagen werden. Zusätzlich erhalten Sie jedoch eine neue Schaltfläche (siehe Abbildung 5.7):

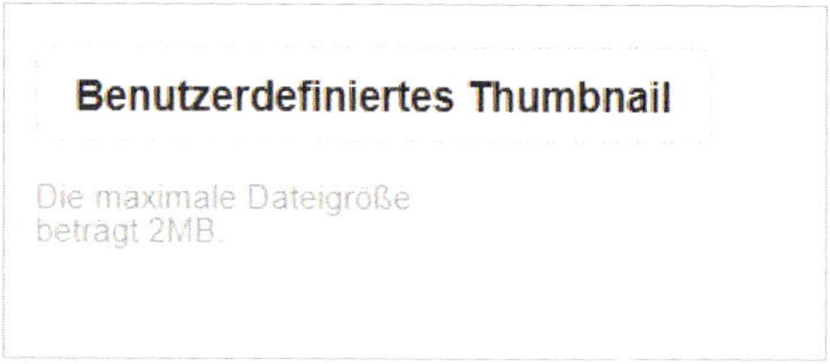

**Benutzerdefiniertes Thumbnail**

Die maximale Dateigröße
betragt 2MB.

*Abb. 5.7:* So laden Sie ein benutzerdefiniertes Thumbnail hoch

Ihre Datei muss eine Fotodatei sein und kann bis maximal 2 MB groß sein. Denkbar ist neben Videos aus der Produktion auch ein Bild mit einem Schriftzug, erstellt in Photoshop oder gar Paint, der das Thema Ihres Videos schlicht ankündigt. Nachdem Sie Ihr persönliches Thumbnail ausgewählt haben, sehen Sie es in der Ansicht, wie es in der Suchergebnisseite angezeigt wird. Sind Sie zufrieden damit, klicken Sie auf »Änderungen speichern« und die Einstellung wird erfolgreich übernommen.

## Wichtig

Die Rolle eines aussagekräftigen Thumbnails ist an dieser Stelle nochmals zu verdeutlichen. Wenn Sie denken »So ein kleines Bild kann ja nicht all zu wichtig sein«, sollten Sie berücksichtigen, an wie vielen zentralen Stellen das Vorschaubild Ihres Onlinevideos zum Tragen kommt:

‣ Suchergebnisseite bei Google, Yahoo und Co.
‣ Suchergebnisseite bei YouTube
‣ Vorgeschlagene Videos
‣ Mobile Ansicht

Sie sehen: Machen Sie sich Gedanken über Ihr Vorschaubild, denn es repräsentiert Ihr Video in unterschiedlichster Weise.

# 5.3 Keywordbasierende Optimierungen

Die folgenden Optimierungsvorschläge für Ihr Unternehmensvideo beziehen sich auf Suchbegriffe. Diese Keywords (englisch für Schlüsselwörter) sind eine sehr bedeutende Basis für eine gute Auffindbarkeit Ihrer Bewegtbildinhalte. Sicherlich haben Sie sich schon Gedanken darüber gemacht, mit welchen Begriffen Sie beziehungsweise Ihre Videos in Ihrem Unternehmenskanal gefunden werden möchten. Sind Sie ein Elektroinstallateur, kann es die ebensolche Berufsbezeichnung sein oder gar Leistungen, die Sie anbieten. Arbeiten Sie als Dienstleister in der Gebäudereinigung, sind es vielleicht Schlagwörter wie »Fenster putzen«, die Ihnen wichtig sind. So individuell Ihr Unternehmen oder Sie als Selbstständiger sind, so unterschiedlich sind auch die Suchbegriffe.

Die Auffindbarkeit bei einer Suchabfrage mit bestimmten Keywords können Sie steuern, indem Sie die Suchbegriffe an bestimmten Stellen im Hochlademodus erwähnen. Dies kann im Unternehmenskanal selbst sein, aber auch in den einzelnen Videos. Ein Set von 10 bis 15 Keywords ist völlig ausreichend – also notieren Sie sich die wichtigsten Suchbegriffe für Ihr Tätigkeitsfeld.

---

### Wichtig

Wichtig ist das Verständnis, dass Ihre vermeintlich guten Suchbegriffe, die Sie vielleicht in der Branche oder betriebsintern nutzen, nicht unbedingt die Wörter sind, die auch Ihre Kunden benutzen. Deshalb ist eine grundlegende Überprüfung dieser Keywords vonnöten, bevor es an die Optimierung Ihrer Videos geht. Denn nur wenn Sie wissen, nach welchen Begriffen überhaupt gesucht wird, haben Sie die Chance, Ihre Zielgruppe genau dort abzuholen, wo sie sich bewegt – nämlich auf YouTube.

---

Im Folgenden stelle ich Ihnen verschiedene Möglichkeiten vor, um die richtigen Begriffe für Ihr Videomarketing bei YouTube zu finden. Zum einen bedienen Sie sich des kostenfreien Keyword-Tools von Google, zum anderen ergibt die eigene Recherche bei YouTube selbst einen guten Input für die passenden Suchbegriffe.

### 5.3.1 Google Keyword-Planer

Wichtigstes Werkzeug bei der Keyword-Recherche ist das kostenfreie Tool von Google. Ursprünglich für die Koordination von Suchmaschinenwerbung (Search Engine Advertising = SEA) entwickelt, dient das Serviceangebot des Suchmaschinenriesen ebenfalls im Bereich der Suchmaschinenoptimierung als eine wichtige Orientierungshilfe. Auf der Website lassen sich Begriffe nach Suchanfragen, also wie viele User nach einem Begriff monatlich suchen, und den Wettbewerb, das heißt, wie viele Konkurrenten ebenfalls auf dieses Keyword setzen, sortieren.

Selbst für Einsteiger ist das Keyword-Tool einfach zu bedienen. Das Beste: Da Sie bereits für Ihren YouTube-Kanal eine Google-Adresse verwenden, benötigen Sie für diesen Service keine extra Adresse. Sie können sich mit Ihren Zugangsdaten aus YouTube direkt anmelden. Gehen Sie hierzu auf folgende URL oder tippen Sie in die Google-Suchmaske die Kombination »Google Keyword Tool« ein:

*https://adwords.google.com*

Anschließend finden Sie in der oberen Navigationsleiste den Punkt »Tools und Analysen«. Hier gelangen Sie zu dem Keyword-Planer (siehe Abbildung 5.8):

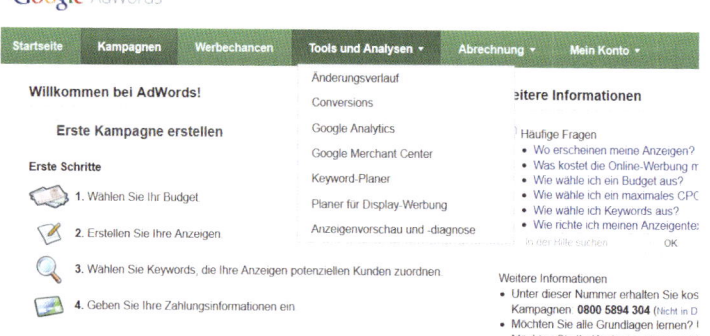

**Abb. 5.8:** So gelangen Sie zum Keyword-Planer bei Google AdWords.

Im nächsten Schritt haben Sie die Auswahl zwischen folgenden Unterpunkten:

‣ Ideen für neue Keywords und Anzeigengruppen suchen
‣ Suchvolumen für Keyword-Liste abrufen und Keywords in Anzeigengruppen aufteilen
‣ Traffic-Schätzungen für Keyword-Liste abrufen
‣ Keyword-Listen multiplizieren, um Keyword-Ideen abzurufen

Für Ihre Zwecke ist der erste Punkt der relevante, da Sie sich Inspiration für starke Keywordkombinationen wünschen. Klicken Sie darauf und es öffnet sich eine Suchmaske (siehe Abbildung 5.9).

Tragen Sie hier die Keywords ein, die Ihrer Ansicht nach häufig abgefragt werden und mit denen Ihre Videos auf YouTube gefunden werden sollen. Lediglich das erste Feld ist für Sie von Relevanz – die anderen Felder müssen Sie nicht beachten. Bestätigen Sie anschließend Ihre Suchanfrage mit »Ideen abrufen«.

**Abb. 5.9:** Die Suchfunktion des Keyword-Planers

In Abbildung 5.10 habe ich diesen Schritt anhand eines Keyword-Sets im Bereich Floristik nachempfunden. Das Keyword-Tool gibt unter dem Reiter »Keyword-Ideen« eine Einschätzung zu den angegebenen Begriffen. Bedeutend für Sie sind die Tabellenabschnitte

‣ durchschnittliche Suchanfragen pro Monat
‣ sowie der Wettbewerb

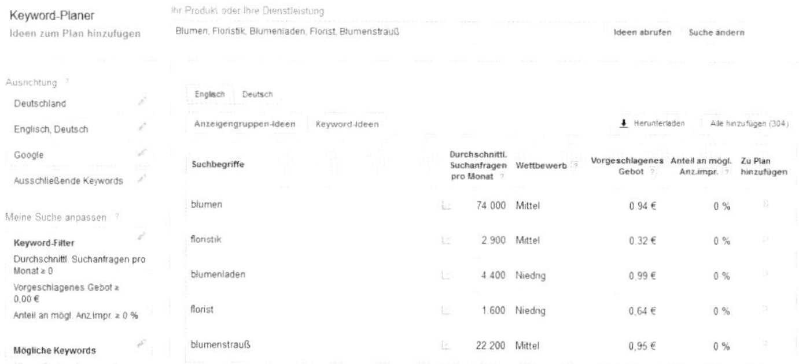

**Abb. 5.10:** Suchanfragen und Wettbewerb im Keyword-Planer

So ergibt sich beispielsweise für den Suchbegriff »Florist« eine Abfrage von circa 1600 bei niedriger Konkurrenz – ideal also, um das Keyword für Ihr YouTube-Video zu verwenden. Das sehr allgemeine Keyword »Blumen« hat weitaus mehr Suchanfragen im Monat (74.000), jedoch dürfen Sie nicht vergessen, dass weniger spezifische Begriffe auch von anderen Branchen verwendet werden und die Zielgruppe eventuell andere Erwartungen bei der Suchanfrage hat. Auch der Wettbewerb ist für dieses Keyword höher.

Zusätzlich schlägt Ihnen der Keyword-Planer weitere Suchbegriffe vor, die sich in diesem Themenfeld befinden. Scrollen Sie hierzu weiter nach unten. In unserem Beispiel zeigt das Google-Tool ebenfalls die Suchanfragen und den Wettbewerb für die Begriffe »Blumenservice« und Co. an (siehe Abbildung 5.11):

**Abb. 5.11:** Zusätzliche Keyword-Ideen aus dem Tool

---

### Tipp

Empfehlenswert ist ein guter Mix aus spezifischen und allgemeinen Keywords. Mit der ersten Gruppe gehen Sie explizit auf Ihre Zielgruppe und eventuelle Suchanfragen ein, mit der zweiten Gruppe schaffen Sie einen thematischen Rahmen, der auch bei anderen Videos in Ihrem YouTube-Kanal von Nutzen sein kann.

Sicherlich wird Ihr Keyword-Set wachsen, doch für den Anfang reichen 10 bis 15 Suchbegriffe, Nach und nach kann dies erweitert werden.

---

Das Google Keyword-Tool kann Ihnen somit sehr behilflich sein, um die richtigen Begriffe für Ihre Videomarketingkampagne zu finden. Denn letztlich entscheiden diese Wörter, ob Ihre Inhalte beim YouTube-User und somit Ihren potenziellen Kunden angezeigt werden. Doch neben dieser professionellen, aber notwendigen Art der Keyword-Recherche können Sie auch auf der Videoplattform selbst aktiv werden, um das Keyword-Setting Ihrer Kampagne zu finden.

## 5.3.2   YouTube-Recherche

Wieso in die Ferne schweifen (in diesem Fall das Keyword-Tool), wenn auch YouTube selbst dabei helfen kann, gute von schlechten Suchbegriffen zu unterscheiden. Der entscheidende Vorteil ist dabei, dass Sie nachvollziehen können, welche Wortkombinationen gesucht werden – und das ausschließlich bei YouTube.

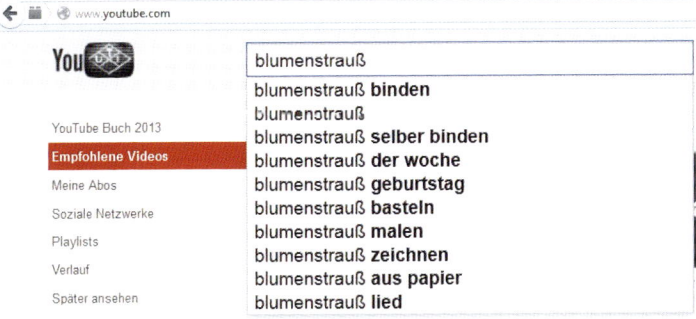

***Abb. 5.12:*** Die YouTube Suggest-Funktion

Geben Sie Ihre Keywords in das YouTube-Suchfeld ein. Die sogenannte Suggest-Funktion (englisch für Vorschlag) zeigt Ihnen Suchanfragen an, die in diesem Zusammenhang bereits häufig gestellt wurden.

Doch auch YouTube selbst bietet ein eigenes Keyword-Tool an, in dem Schlüsselbegriffe auf Suchanfragen überprüft werden können. Es funktioniert ebenso wie das ausführlich beschriebene Google-Tool, verzichtet jedoch auf die Angabe des Wettbewerbs. Aufrufbar ist der Service ebenfalls im Bereich, der für die »Promoted Videos«, also Werbeanzeigen auf YouTube, eingerichtet wurde. Der Keyword-Planer ist jedoch kostenlos: *https://www.youtube.com/keyword_tool*.

**Abb. 5.13:** Das YouTube-eigene Keyword-Tool

Ein weiterer Schritt, gute Keywords zu finden, ist die Recherche bei den Konkurrenten. Welche Suchbegriffe verwenden Ihre Mitbewerber in ihren Onlineinhalten auf YouTube? Überprüfen Sie den Titel, den Beschreibungstext unterhalb des Videos sowie die Tags (Schlagwörter), die man jedem Video zuweisen kann. Informationen, wie Sie dies anstellen, finden Sie in den jeweiligen Abschnitten.

Alles in allem verfügen Sie nun über ein solides Grundwissen darüber, wie Sie zu den Keywords Ihrer Videomarketingkampagne kommen. Nun sollten Sie sie auch zum Einsatz bringen.

### 5.3.3 Title

Ein Video ohne einen aussagekräftigen Titel bedeutet verschwendetes Potenzial. Denn was wäre, wenn ich im Titel dieses Buches nicht das Wort YouTube verwendet hätte? Womöglich wären Sie nicht einmal darauf aufmerksam geworden. Das gleiche Schicksal ereilt ein Video, das einen nichtssagenden Titel trägt: Es wird weder von YouTube als Suchmaschine noch von Ihren Interessenten wahrgenommen. Sie haben ein Interview mit Ihrem Geschäftsführer über erneuerbare Energien geführt, aber der Titel trägt nur den Unternehmensnamen? Nicht sonderlich förderlich, nicht wahr?

Der wohl wichtigste Schritt bei der Optimierung Ihres YouTube-Kanals ist die Formulierung eines guten Videotitels. Im Idealfall nutzen Sie dabei den Titel Ihrer Videodatei und ergänzen ihn mit prägnanten Keywords. Einzutragen ist der Videotitel im gleichnamigen Feld, wenn Sie im Video-Manager auf das zu bearbeitende Video klicken.

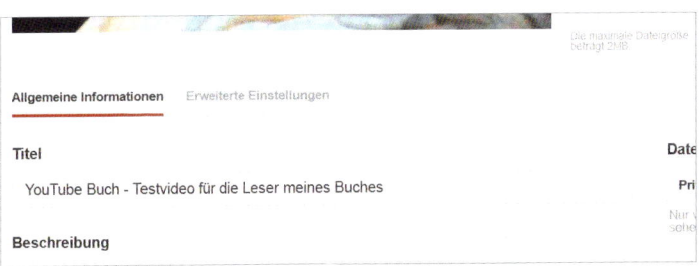

*Abb. 5.14:* Der Videotitel ist das wohl wichtigste Todo!

---

**Tipp**

Seien Sie beim Videotitel kurz und knapp. Erfahrungsgemäß stehen Ihnen nicht mehr als 120 Zeichen inklusive Leerzeichen zur Verfügung. Bei aller Kürze: Vergessen Sie nicht relevante Keywords!

---

### 5.3.4 Description

Unterhalb des Videos haben User die Möglichkeit, Hintergrundinformationen zum Video anzusehen. Damit die Zuschauer Ihrer Videos jedoch auch etwas zum Lesen haben, muss das Beschreibungsfeld (englisch:

Description) auch ordnungsgemäß von Ihnen befüllt werden. Denn neben dem Titel stellt dieser Bereich Ihres YouTube-Videos eine wichtige Optimierungsmaßnahme dar.

Bei Interviews oder Videos, in denen ein Sprecher aus dem Off (Hintergrundstimme als Moderator) zum Einsatz kommt, sollte das Descriptionfeld zusätzlich als Platz einer sogenannten Transcription dienen. Dabei wird der gesprochene Text 1:1 schriftlich wiedergegeben. Neben dem Vorteil, dass Sie so auch gehörlosen Usern Zugang zu Ihren Videos geben, füttern Sie die Suchmaschine mit wertvollen Informationen. Denn wie sonst sollen die Crawler erkennen, wovon Ihr Video handelt?

Neben der reinen Auflistung von Informationen und Fakten, die in dem Video angesprochen werden, sollten Sie in der Description auch einen thematischen Hintergrund aufbauen. Warum befindet sich das Video ausgerechnet bei Ihnen im Unternehmenskanal? Beschreiben Sie den ganzheitlichen Kontext – so haben Sie die Möglichkeit, für Sie wichtige Suchbegriffe zu verwenden und einen Themenbezug für Ihren YouTube-Channel aufzubauen.

**Abb. 5.15:** Das Descriptionfeld für Ihr Onlinevideo

Wie auch beim Titel sollten Sie unbedingt darauf achten, dass die Keywords, mit denen Ihr Video gefunden werden soll, ausreichend im Beschreibungsfeld vorkommen. So lang wie ein klassischer SEO-Text auf Ihrer Website muss der Text nicht sein, jedoch sollten Sie das Feld voll und ganz ausnutzen. Eine Keyworddichte von 1,5 bis 2 Prozent reicht hierbei völlig aus, das heißt auf 100 Wörter kommt der Suchbegriff 1,5 bis zweimal vor.

Um ein größeres Publikum zu erreichen, kann es hilfreich sein, Ihr Beschreibungsfeld aufzuteilen, eine Hälfte deutsch, die andere Hälfte englisch. Da englischsprachige Keywords ebenfalls häufig abgefragt werden, kann dies sehr interessant für Unternehmen sein, die auch außerhalb der Grenzen Deutschlands mit Ihren Videos werben möchten.

## Tipp

Ihnen stehen bei der Description rund 1.000 Zeichen inklusive Leerzeichen zur Verfügung. Schreiben Sie einen spannenden, mitreißenden Text, der Interesse an Ihrem Video weckt. Denn: Dieser Beschreibungstext wird zum Teil auf den Suchergebnisseiten angezeigt.

Zusätzlich sollten Sie in jeder Description Ihre User darauf aufmerksam machen, die soziale Komponente von YouTube auszuleben. Kommentare und Likes für Ihren Content bedeuten wertvolle Signale für die Suchmaschine. Mehr dazu erfahren Sie jedoch in Kapitel 6 dieses Buches.

Last, but not least eine der großartigsten Chancen, die Ihnen das Beschreibungsfeld bietet: Links zu Websites einbauen. Was viele nicht wissen ist nämlich, dass in der Description und im YouTube-Kanal selbst die einzigen zwei Möglichkeiten bestehen, Verweise auf Internetpräsenzen zu setzen. Zwar sind diese Links im Beschreibungstext alle auf »nofollow« gesetzt (Erklärung siehe Kapitel 5.1) und wirken sich nicht allzu stark auf das Ranking Ihrer Website aus, doch sind sie ein Indiz für natürlichen Linkaufbau. Zudem erhalten Ihre Interessenten einen direkten Zugang zu Ihrer Homepage – und was wollen Sie mehr?

## Linkaufbau

Verweise auf Ihre Website sind quasi digitale Referenzen. Daher ist es wichtig, diese aktiv zu fördern. Ein natürliches Linkprofil zeichnet sich durch viele unterschiedliche Quellen aus, zeigt aber auch, auf welche Seiten Ihrer Website verlinkt wird. Auch hier sollte das Verhältnis zwischen Startseite und Unterseiten ausgewogen sein.

*Abb. 5.16:* Der Link auf die Website wird bereits auf der Suchergebnisseite angezeigt – dank der Platzierung zu Beginn des Beschreibungstextes.

Setzen Sie die URL direkt an den Anfang Ihres Beschreibungstextes. Da nur ein Teil des Beschreibungstextes auf der Suchergebnisseite angezeigt wird, sind Sie auf der sicheren Seite, dass der Link bereits hier Beachtung findet oder gar angeklickt wird.

## 5.3.5    Tags

Tags bezeichnen bei YouTube Keywords, die zu jedem Video angegeben werden können und die die Inhalte in einen thematischen Rahmen einbinden. Haben Sie ein Video über das Entfernen von Rotweinflecken produziert und möchten, dass dieses beim Suchbegriff »Flecken entfernen« erscheint? Dann sollten Sie diese Keywords unbedingt im Bereich »Tags« einbauen.

Vielleicht kennen Sie diesen Begriff bereits aus den Metadaten Ihrer Websites. Im Gegensatz zu der klassischen Suchmaschinenoptimierung spielen die Keywords bei YouTube eine kleine, aber feine Rolle. Sie dienen nicht nur dem User als wichtige Orientierung bei der Suche nach den richtigen Inhalten. Auch der Suchmaschine YouTube verhelfen Sie zu einer besseren Einstufung und Zuordnung auf Suchanfragen.

Im Video-Manager können Sie die Keywords klar erkennbar in das dazugehörige Feld eintragen. Es befindet sich unterhalb der Description-Box und bildet quasi den Abschluss der keywordbasierten Optimierung (siehe Abbildung 5.17):

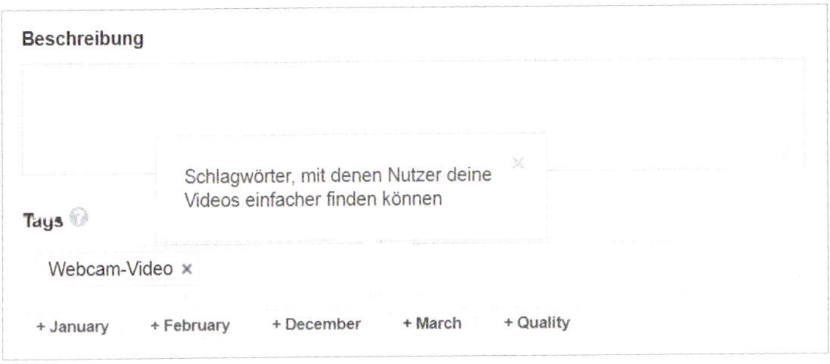

Schlagwörter, mit denen Nutzer deine
Videos einfacher finden können

Tags

Webcam-Video ×

+ January     + February     + December     + March     + Quality

*Abb. 5.17:* Nutzen Sie relevante Keywords auch bei den Tags.

## Tipp

Auf circa 100 Zeichen müssen Sie Ihre Keywords aufteilen. Empfehlenswert ist auch hier, zusätzlich zu den deutschen auch englische Begriffe zu verwenden, um die Reichweite Ihrer Videos zu erhöhen.

Vielleicht ist es Ihnen bereits aufgefallen: Wenn Sie sich ein YouTube-Video anschauen, erhalten Sie in der rechten Spalte Vorschläge von Videos, die Sie interessieren könnten. Diese »Video-Suggestions« ergeben sich unter anderem aus den hinterlegten Keywords im jeweiligen Video. So kann es sein, dass Ihre Inhalte direkt neben denen Ihres Wettbewerbers stehen, da Sie die gleichen Tags verwendet haben. Doch durch einfache Tricks lässt sich dies zweigleisig steuern: Sie werden bei den Videos Ihres Konkurrenten angezeigt und Ihre Videos empfehlen nur Ihre eigenen Videos.

### 1. Video-Tags herausfinden

Etwas technischer, aber leicht umzusetzen, ist die Recherche der Tags aus Konkurrenzvideos. Da die Keywords nicht in den jeweiligen Dateien angezeigt werden, müssen Sie den Seitenquellcode einsehen. Klicken Sie dazu auf das Video, das Sie analysieren möchten, anschließend auf die rechte Maustaste und das Feld »Seitenquelltext anzeigen« (siehe Abbildung 5.18):

*Abb. 5.18:* So lassen Sie sich den Seitenquelltitel anzeigen.

Im aufpoppenden Fenster sehen Sie nun den Code der Seite. Um in diesem Zeichenwirrwarr die Tags zu finden, drücken Sie Strg + F, um die Suchfunktion zu aktivieren. Wenn Sie nun Keywords in das Feld eingeben, springen Sie automatisch an die Stelle im Quellcode der Seite, die die gewünschte Information bereithält (siehe Abbildung 5.19):

```
ar = {};ytbuffer.bufferedClick;ytbuffer.handleClick = function(e) {var element = e.target || e.srcElement;while (el
 ich Krawatten binden für Anfänger - Einfacher Windsor: wie kann ich Krawatten binden Video - YouTube</title><link
e="description" content="http://www.youtube.com/channel/UC5zmm3co-EUW_tT5vFiyxFQ?sub_confirmation=1 Mochtet Ihr das
e="keywords" content="wie, kann, ich, krawatten, binden, für, anfänger, einfacher, windsor, video, mit, die, einer,
="alternate" type="application/json+oembed" href="http://www.youtube.com/oembed?format=json&amp;url=http%3A%2F%2Fwww
ternate" type="text/xml+oembed" href="http://www.youtube.com/oembed?format=xml&amp;url=http%3A%2F%2Fwww.youtube.com/
roperty="og:site_name" content="YouTube">
rty="og:url" content="http://www.youtube.com/watch?v=oqIXrBXjwzI">
rty="og:title" content="Wie kann ich Krawatten binden für Anfänger - Einfacher Windsor: wie kann ich Krawatten binde
rty="og:type" content="video">
rty="og:image" content="http://i1.ytimg.com/vi/oqIXrBXjwzI/maxresdefault.jpg?feature=og">
```

*Abb. 5.19:* Und schon werden Ihnen die Keywords des Videos angezeigt.

Verwenden Sie diese Keywords nun auch in Ihrer Videokampagne, steigt die Wahrscheinlichkeit, dass Ihre Videos in den vorgeschlagenen Videos erscheinen. Der Vorteil: Wenn Ihre Videos auch in diesem Bereich angezeigt werden, suggeriert dies, das Ihr Unternehmen in diesem Bereich Experte ist.

***Abb. 5.20:*** L'Oréal macht es richtig. Beim Aufruf eines Videos werden vier weitere in den vorgeschlagenen Videos angezeigt. Das Keyword: Schminktipps.

## 2. Ihre eigenen Videos in der eigenen Vorschlagsliste

Einen Geheimtipp habe ich in dem Buch *YouTube Marketing Manual* des amerikanischen Experten Marc Bullard gelesen und war über die Simplizität seines Tipps überrascht und anschließend begeistert. Wie oben beschrieben, können Sie die Keywords Ihrer Mitbewerber herausfinden und entsprechend für Ihre Onlinevideos adaptieren, damit Sie in den vorgeschlagenen Videos angezeigt werden. Manche Online-Marketingexperten kritisieren an YouTube jedoch, dass sich Unternehmen einem direkten Konkurrenzkampf ausliefern. Denn auch wenn ein User auf Ihr Video klickt, bekommt er dennoch andere Videos vorgeschlagen, die in diesem Themenbereich passend erscheinen – und unter Umständen ist dies ein Wettbewerber! Marc Bullard schlägt in diesem Zusammenhang vor, die Tags der eigenen Videos mit einem einfachen Trick anzupassen. Haben Sie schon etwas von »huztafira« gehört? Ich auch nicht, aber solche Nonsens-Wörter in den Tags können dazu beitragen, dass die vorgeschlagenen Videos immer die Ihren sind. Tragen Sie hierzu einfach ein von Ihnen erfundenes Wort in den Tags aller Ihrer Onlineinhalte auf YouTube ein. Da die Videoplattform sich unter anderem an diesen Tags orientiert, um relevante Themenvideos vorzuschlagen, wird der Crawler bevorzugt die Videos aussuchen, die genau diesen Tag verwenden. Und da ausschließlich Ihre Produktionen diesen Tag tragen: Herzlichen Glückwunsch! Sie belegen damit für ein bestimmtes Thema viele Positionen auf dem angezeigten Bildschirm.

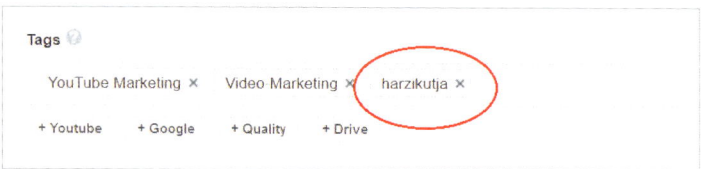

***Abb. 5.21:*** Ein Nonsens-Tag kann Ihre Produktionen in die vorgeschlagenen Videos bringen

Neben der Optimierung und besseren Platzierung Ihrer Videos können Sie über die Tags auch spezielle Funktionen beim Abspielen der Bewegtbilder hervorrufen. YouTube gibt Ihnen die Möglichkeit, in der Tags-Spalte auch folgende sogenannte Formatierungs-Tags abzubilden.[16] Diese haben zwar keinen Einfluss auf das Ranking, sind jedoch trotzdem hilfreich:

‣ **yt:quality=high**: Damit wird Ihr Video standardmäßig in hoher Qualität abgespielt. Dies ist verfügbar je nach Größe des für die Wiedergabe genutzten Players und des Browserfensters.

‣ **yt:crop=16:9**: Diese Funktion zoomt Ihre Inhalte auf das 16:9-Format und entfernt die schwarzen Balken rund um das Video.

‣ **yt:stretch=16:9**: Damit werden anamorphe Inhalte durch Skalierung auf 16:9 korrigiert.

‣ **yt:stretch=4:3**: Videos, die im Format 720 x 480 mit dem falschen Seitenverhältnis gedreht wurden, werden durch Skalierung auf 4:3 korrigiert.

Sie sehen: Die Videooptimierung anhand von Basiseinstellungen sowie keywordbasierten Maßnahmen dauert nicht lange, kann aber sehr gute Effekte für Ihre Bewegtbilder haben. Das benutzerfreundliche Design ermutigt sowohl Neulinge und Unerfahrene des Videomarketings dazu, Dinge auszuprobieren und die Sache von der Pike an zu erlernen.

Andreas Graap, Geschäftsführer der ANGRON GmbH, hat die Rankingfaktoren für YouTube in einem kreativen Schaubild zusammengefasst – [17]das YouTube-Periodensystem. Die in Abbildung 5.22 rot gefärbten Bereiche haben Sie schon abgearbeitet – sehr schön!

---

16. Siehe *https://support.google.com/youtube/answer/146402?hl=de*

17. *http://webvideo.com/de/periodensystem/*

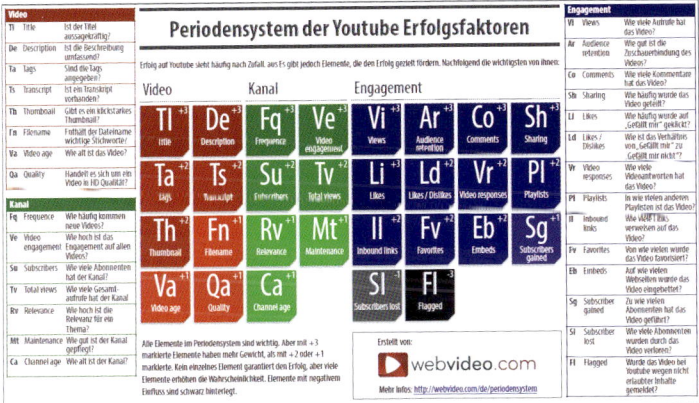

*Abb. 5.22:* Das Periodensystem der YouTube-Erfolgsfaktoren von Andreas Graap

# 5.4 Zusammenfassung

Mit der Anmeldung eines eigenen Unternehmenskanals sowie der Produktion der Videoinhalte haben Sie wichtige Etappen genommen. Doch was bringen diese Schritte, wenn die YouTube-User Ihre Videos nicht finden? Aus diesem Grund ist eine Optimierung unumgänglich und sollte bei Ihnen höchste Priorität genießen. Videomarketing mit YouTube hat viele Gesichter und eins davon ist die Bearbeitung der Hintergrundinformationen Ihrer Videos.

Um ein gutes Ranking in den Suchergebnisseiten von YouTube zu erzielen, muss das Video bestimmte Basics erfüllen. Dazu gehört zum einen die Videoqualität. Diese sollte angesichts der immer besseren technischen Geräte so hoch wie möglich liegen – idealerweise in High Definition (HD). Zum anderen spielt der Dateiname des Videos eine wichtige Rolle. Auch ein interessantes Vorschaubild (Thumbnail) sollte unter keinen Umständen außer Acht gelassen werden, da es einen optischen Anreiz darstellt, auf das Video zu klicken. Nehmen Sie sich genügend Zeit, um diese Grundlagen alle abzudecken, bevor es an die keywordbasierte Optimierung geht.

Fundament von fruchtenden Optimierungsmaßnahmen ist selbstverständlich eine profunde Keyword-Recherche. Damit Ihre Videos auch die gewünschte Zielgruppe erreichen, müssen Sie nachvollziehen können, welche Begriffe von den potenziellen Kunden verwendet werden. Mithilfe des Google Keyword-Planers, dem YouTube eigenen Keyword-Dienst sowie der Suggest-Funktion finden Sie starke Begriffe, um Ihre Kampagnen zu optimieren. Am wichtigsten ist jedoch, dass Sie Ihre rosarote Unternehmens- beziehungsweise Branchenbrille absetzen, um das Suchverhalten Ihrer potenziellen Kunden verstehen zu lernen.

Mit diesen Ergebnissen können Sie an die Bearbeitung des Titels, der Beschreibung sowie der Tags herangehen. Nutzen Sie die Keywords in möglichst allen drei Bearbeitungsfeldern Ihrer Videoansicht, denn nur so erlangen Ihre Videoinhalte eine ausreichende Chance, bei den Suchanfragen von Interessenten angezeigt zu werden. Kombinieren Sie dabei auch englische Schlagwörter mit Ihren deutschen Begriffen, denn faktisch hat YouTube mehr englischsprachige User als deutschsprachige. Somit erreichen Sie ein viel größeres Publikum und bekommen soziale Signale aus der ganzen Welt.

# 5.5 Drei Fragen an…

Stephan Longin, Regisseur, Gründer und Geschäftsführer der dot-gruppe, Online-Marketingspezialist für Social Media und Viralkampagnen.

Stephan Longin ist Pionier im Viral-Marketing mit über zwölf Jahren Erfahrung aus einer Vielzahl erfolgreicher Kampagnen für namhafte nationale und internationale Brands, zum Beispiel aus den Branchen Tourismus, Entertainment, Fashion und Charity.

Seit Gründung der dot-gruppe beschäftigt sich Stephan Longin intensiv mit der Videoherstellung für Social-Media-Kampagnen, Kampagnenarchitektur und Conversion-Optimierung.

Im Fokus stehen dabei der Einsatz adäquater Maßnahmen, das Nutzerverhalten und das passende Usabilitykonzept, damit Social-Media-Kampagnen eine größtmögliche qualitative Reichweite und Conversion/ Leads erzielen können. Ein weiteres seiner Kernthemen ist Markenaufbau in zentralen Social-Media-Kanälen.

Welche Bedeutung haben Title und Description des Videos für die Auffindbarkeit bei YouTube?

Der Titel und die Description (dt.:Beschreibung) sind für die Auffindbarkeit eines Videos auf YouTube von enormer Bedeutung und sollten daher als Erstes optimiert werden.

Sucht ein Nutzer auf YouTube nach Videos, zeigt die Plattform die Ergebnisse der Suche in Form einer Liste an. Neben dem Vorschaubild des Videos werden der Titel in voller Länge sowie ein Auszug aus der Videobeschreibung angezeigt. Zusammen ergeben diese Angaben ein Aushängeschild Ihres Videos.

Enthält der Titel oder die Description Ihres Videos das Keyword beziehungsweise den Suchbegriff, den der Nutzer gerade in die Suchmaske eingegeben hat, stuft YouTube Ihr Video als relevant ein und zeigt es in den Suchergebnissen an. Das bedeutet natürlich nicht zwangsläufig, dass Ihr Video an oberster Position angezeigt wird. Es gibt zahlreiche Rankingfaktoren, die die Position in den Suchergebnissen beeinflussen.

Überlegen Sie sich als Erstes ein bis drei Schlüsselwörter (Keywords), auf welche Ihr Video gefunden werden soll. Konzipieren Sie unter Verwendung dieser Keywords einen aussagekräftigen Titel. Stellen Sie das wichtigere Keyword möglichst an den Anfang des Titels, weniger wichtige Keywords ans Ende.

Verfahren Sie genauso bei der Description. Da YouTube auf den Desktoprechnern zuerst nur die ersten drei Zeilen der Description anzeigt (der Rest wird erst nach dem Klick auf »mehr anzeigen« eingeblendet), platzieren Sie die wichtigsten Informationen, beispielsweise auch einen Link zu Ihrer Webseite oder Ihrem Produkt, innerhalb der besagten drei Zeilen.

Wieso nutzen Ihrer Einschätzung nach relativ wenige Videomacher die YouTube-internen Optimierungsmöglichkeiten?

Wir stellen oft fest, dass die Videomacher tatsächlich relativ wenig von den YouTube-internen Optimierungsmöglichkeiten Gebrauch machen. Das fängt schon bei der Gestaltung des Titels und der Description an. Oft werden diese Meta-Angaben nur notdürftig ausgefüllt, damit verschenkt man eindeutig Potenzial. Auch von YouTube zur Verfügung gestellte Tools, wie zum Beispiel der Video-Editor, die Videoanmerkungen oder das interne

Statistiktool YouTube Analytics werden von vielen am Anfang nicht eingesetzt.

Ein Upload ist schnell gemacht – mittlerweile gibt es für alle relevanten mobilen Plattformen entsprechende Smartphone-Apps, aber auch auf dem Desktop ist der Vorgang mit wenigen Mausklicks erledigt. Zu diesem Zeitpunkt setzen sich aber viele nicht gründlich mit den zusätzlichen Angaben auseinander, Hauptsache das Video geht schnell online. Erst wenn der erhoffte Erfolg ausbleibt, fängt man an, der Sache auf den Grund zu gehen.

Daher mein Tipp: Verschenken Sie kein Potenzial! Nutzen Sie die Tools, die allen YouTube-Nutzern zur Verfügung gestellt werden. Optimieren Sie Ihre Videos bestmöglich und informieren Sie sich noch vor dem Upload. Einen guten Einstieg bietet hierfür das sogenannte YouTube Playbook. Darin hat YouTube wichtige Tipps und Best Practices sehr informativ zusammengefasst. Dieses Handbuch wird von YouTube in regelmäßigen Abständen aktualisiert und steht allen im PDF-Format kostenlos zur Verfügung[18], allerdings aktuell nur in englischer Sprache.

**Was ist Ihr Geheimtipp, um das Video in den Suchergebnissen nach vorne zu bringen?**

Wie bereits erwähnt, existieren diverse Rankingfaktoren, die die Position des Videos in den Suchergebnissen beeinflussen. Um das Video nach vorne zu bringen, dreht man meistens an mehreren Schrauben gleichzeitig. Ich möchte im Folgenden die wichtigsten Faktoren nennen.

Anzahl der Views (Videoaufrufe): Für YouTube ist die Anzahl der Views ein wichtiger Rankingfaktor. Ein Video, welches von vielen Nutzern angesehen wurde, wird von YouTube oft bevorzugt behandelt und höher gerankt. Um die Reichweite eines Videos zu steigern, ist eine gezielte Verbreitung notwendig. Wir sprechen dabei von Video Seeding – Inhalte werden gezielt an zielgruppenrelevanten Touchpoints für Reichweite und Interaktion im Web platziert. Nur so kann eine Kampagnenreichweite innerhalb der Zielgruppe garantiert werden und das Video geht nicht in der gigantischen Vielfalt unter, die auf YouTube angeboten wird.

---

18. YouTube Creator Playbook: *http://www.youtube.com/yt/playbook/de/*

User-Engagement und User-Feedback: Sobald sich die Nutzer das Video nicht bloß anschauen, sondern auch Feedback in Form von Kommentaren, Likes/Dislikes oder Shares geben, steigt das Ranking des Videos. YouTube erkennt daran, dass das Video vielen gefällt und die Nutzer sich wirklich mit dem Video auseinandersetzen, es bewerten oder mit Ihrem eigenen Netzwerk teilen, für welches es genauso relevant sein kann. Ein Tipp an der Stelle: Sprechen Sie die Nutzer beziehungsweise Zuschauer im Video direkt an und fordern Sie sie dazu auf, das Video zu bewerten, einen Kommentar abzugeben und das Video zu teilen, wenn es ihnen gefallen hat – das funktioniert!

# 5.6 Checkliste

Haben Sie die Anforderungen im Bereich Optimierung verstanden? Die obligatorische Checkliste am Ende eines Kapitels wird zeigen, ob Sie die vorgestellten Maßnahmen umsetzen konnten oder sie noch einmal nachlesen müssen. Erst wenn Sie alle Aussagen mit einem Haken versehen können, dürfen Sie zum nächsten Kapitel.

❑ **Recherche**: Die Begriffe, auf die meine Videos bei den Suchergebnisseiten angezeigt werden sollen, habe ich aufgelistet und auf Suchanfragen überprüft. Die Ergebnisse habe ich in einem Keyword-Set zusammengetragen, das auch für weitere Onlinemarketingzwecke verwendet werden kann.

❑ **Name**: Die Videodatei, die ich verwenden möchte, habe ich umbenannt. Sie trägt jetzt einen aussagekräftigen Titel und enthält mindestens ein Keyword.

❑ **Qualität**: Auflösung und Länge wurden bei der Produktion berücksichtigt und entsprechen den Qualitätsanforderungen.

❑ **Vorschaubild**: Ein aussagekräftiges Thumbnail existiert für jedes Video und spiegelt den Inhalt kurz und prägnant wider.

❑ **Optimierung**: Auf Basis des Keyword-Sets habe ich die Begriffe im Videotitel, der Beschreibung sowie den Tags verwendet.

# Kapitel 6

# Die YouTube-Community

Während wir im vergangenen Kapitel eher die Rolle YouTubes als Suchmaschine betrachtet haben, möchte ich im Folgenden auf seine Bedeutung als soziales Netzwerk eingehen. Viele Menschen, darunter auch Marketingverantwortliche in Unternehmen, sehen in YouTube ein reines Videoportal – zum Hochladen und Ansehen von unzähligen Videos. Dass sich dahinter aber nicht nur passive Medienrezipienten verbergen, sondern eine aktive Gemeinschaft an »YouTubern« steckt, wird meist außen vor gelassen.

Fakt ist: YouTube ist eines der wichtigsten Social Networks und sollte ebenfalls unter diesem Gesichtspunkt betrachtet werden. User schauen sich Videos an, schreiben einen Kommentar, abonnieren Kanäle oder teilen Inhalte sogar auf Ihrer Website oder Ihrem Blog. Die angesprochene Faszination von Bewegtbildern erweckt bei den Millionen aktiven YouTube-Usern einen ganz natürlichen Trieb: anschauen und darüber reden. Nutzen Sie dies für Ihr Videomarketing, denn auch diese Signale aus dem sozialen Netzwerk entscheiden über Ihr Ranking in den Suchmaschinen und auf YouTube selbst. Wird das Video angeklickt, wird es bis zum Ende angeschaut und erhält es »Gefällt mir«-Zeichen? All dies spielt eine entscheidende Rolle beim Videomarketing auf YouTube.

Auf den nächsten Seiten erfahren Sie, wie Sie am effektivsten mit den YouTube-Usern kommunizieren, sie erreichen und womöglich langfristig an Ihre Videos beziehungsweise Ihren Unternehmenskanal binden.

# 6.1    Netzwerk aufbauen

Sobald Ihr Onlinevideo publiziert ist, beginnt der Kampf um Views und Kommentare. Das Beste: Neue Videos erscheinen ohnehin automatisch in den aktuellen YouTube-Listen, das heißt Ihre Inhalte werden aufgrund der Aktualität direkt in vorgefertigten Listen angezeigt. Diese sind zum Beispiel

- »Neu hinzugefügt«,
- »Meist gesehen heute«,
- »Beste Bewertung diese Woche«,
- »Meiste Kommentare diesen Monat«.

Das bedeutet aber keinesfalls für Sie, dass Ihre Onlinevideos ein Selbstläufer sind, ohne dass Sie etwas tun müssen. Zwar bekommen Ihre Videos durch das sehr junge Publikationsdatum viel Aufmerksamkeit, doch Grundlage für erfolgreiches Videomarketing sind schlichtweg Zuschauer.

## 6.1.1 Kontakte über Google+

Deshalb sollten Sie aktiv werden und sich ein eigenes Netzwerk an You-Tube-Freunden aufbauen. Haben Sie Freunde und Verwandte, die auf Google+ ein Profil besitzen? Da mit Ihrer Anmeldung im Videoportal Nummer eins automatisch ein Google+-Profil für Sie errichtet wurde (dies bringt die Heirat zwischen YouTube und Google mit sich), sollten Sie alle Personen, Geschäftspartner und Freunde zu Ihren Kreisen hinzufügen (siehe Abbildung 6.1). So erhalten die Personen automatisch eine Info, wenn Sie ein Video gepostet haben.

***Abb. 6.1:*** Suchen Sie bei Google+ nach Freunden und Bekannten und fügen Sie sie zu Ihren Kreisen hinzu.

## 6.1.2 Kontakte über YouTube

Alte Freunde bleiben, neue Freunde kommen: Selbstverständlich können Sie sich Ihre ganz eigene Freundschaftsliste auf YouTube aufbauen. Hierzu muss jedoch erwähnt werden, dass dies mit etwas Arbeit verbunden ist. Doch es lohnt sich, denn: Gehen Sie aktiv auf mögliche Interessenten Ihrer Branche zu, wenn diese Ihnen folgen, haben Sie eine qualitativ hochwertige Interessensgemeinschaft.

Seien Sie nicht nur Produzent von Videos, sondern auch ein Zuschauer. Abonnieren Sie Kanäle von Usern, die unter Videos in Ihrem Tätigkeitsfeld Kommentare hinterlassen haben. Häufig wird Ihr Unternehmens-Channel im Gegenzug ebenfalls abonniert. Kommentieren Sie! Jeder Kommentar hinterlässt Ihren Benutzernamen und somit einen Link auf Ihren Kanal! Bessere Werbung gibt es nicht. Zudem beweisen Sie, dass Sie ein engagiertes YouTube-Mitglied sind. Hinterlassen Sie entweder einen Kommentar zu einem Video oder direkt in einem Kanal. Mit dieser Vorgehensweise platzieren Sie Ihren Unternehmenskanal immer präsent in themenrelevanten Inhalten – und somit sichtbar für potenzielle Interessenten.

**Abb. 6.2:** Wenn Sie einen Kommentar zu einem Video hinterlassen, wird Ihr Unternehmenskanal immer mitverlinkt.

Mit diesem Fachbuch zum Videomarketing auf YouTube habe ich wie es scheint einen guten Zeitpunkt getroffen. Zwar bringt Google beziehungsweise YouTube immer wieder Neuerungen, doch die im November 2013 eingeführte Änderung stellt eine echte Bereicherung dar, vor allem für die Kommentare.

Bisher wurden Kommentare wie der meine chronologisch angezeigt. Neue Statements zum Video rückten automatisch nach oben und verdrängten den eigenen Kommentar allmählich nach unten. Dazu gab es sogenannte Topkommentare, die besonders positiv von anderen YouTube-Usern bewertet und entsprechend weiter oben angezeigt wurden. Doch aufgrund der Anonymität mischten sich auch sehr häufig negative Kommentare darunter – sexistisch, rassistisch oder einfach nur auf Krawall aus. Die Folge: Wirklich sinnvolle Reaktionen im Sinne des YouTube Marketings erfolgten auf anderen Kanälen, zum Beispiel bei Facebook oder Twitter.

Dies blieb natürlich nicht unbemerkt und so entschloss sich YouTube zu einer Reform der Kommentarfunktion[19]: **Topkommentare**, also Meinungen von bekannten YouTubern und besonders hilfreich bewertete Diskussionen, bleiben weiterhin bestehen und werden ganz oben angezeigt, jedoch zusätzlich durch Kommentare von Nutzern aus den eigenen Google+-Netzwerken ergänzt. Somit sind die oben angesiedelten Kommentare zu einem Video individualisiert und unterscheiden sich von User zu User.

Zudem wird die **Bedeutung von Google+** weiter gestärkt: Mit der neuen Kommentarfunktion können entweder private oder öffentliche Gespräche stattfinden. Zudem lassen sich Freunde aus den Google+-Kreisen in diese Gespräche »einladen«, indem einfach ein Pluszeichen inklusive der Namensauswahl gesetzt wird. Haben Sie das Video zusätzlich auf der Unternehmensseite auf Google+ gepostet und wird es dort kommentiert, kann dieser Kommentar nach Wunsch auch auf der YouTube-Seite erscheinen.

Zusätzliche Freiheit beim Kommentieren erhalten die User durch **anwenderfreundliche Formatierungen** im Sinne der Social Media. Wie bereits erfolgreich bei Facebook und Twitter angewandt, können Kommentare künftig mit Hashtags versehen werden. Dies sind Verschlagwortungen, die mit dem Rautesymbol vor dem Wort umgesetzt werden (#YouTube, versuchen Sie es mal). Zudem sind Fett- und Kursivschrift sowie Links in den Kommentaren zugelassen.

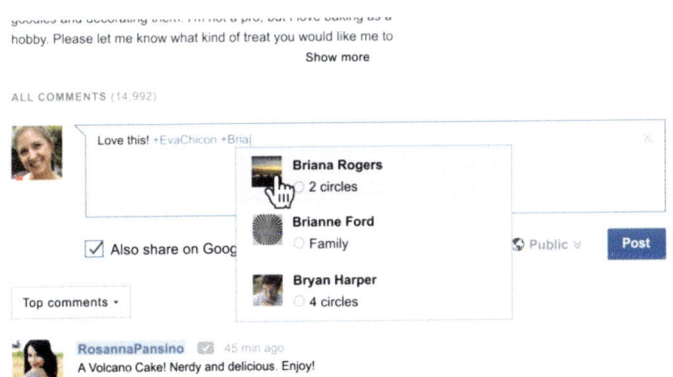

***Abb. 6.3:*** Die neue Kommentarfunktion ermöglicht das Einladen Ihrer Google+-Kreise in ein persönliches Gespräch.

---

19. *http://blog.zeit.de/netzfilmblog/2013/11/07/youtube-kommentare-neu-anonym-pseudonym-profil/*

Als letzte Änderung erweitert YouTube dem Macher eines Videos die Rechte, die **Kommentare zu editieren**. So können Sie zum Beispiel Listen festlegen, die bestimmte Begriffe im Kommentarfeld verbieten. Zudem erhalten Kanalbetreiber mit mehr als 5.000 Abonnenten die Möglichkeit, sich ihre aktivsten Fans anzeigen zu lassen.

---

### Hinweis

Das Video mit allen Infos zur neuen YouTube-Kommentarfunktion finden Sie auf: *http://www.youtube.com/embed/bVGp8Z8Yb28*

---

Eine zusätzliche Möglichkeit, Ihr Netzwerk zu erweitern, ist das Bewerten von Onlinevideos. Mit einem Klick auf den »mag ich«-Button zeigen Sie nicht nur dem Produzenten des Videos, dass Sie den Inhalt schätzen. Ihre Bewertung des gerade angesehenen Videos erscheint zudem in Ihrem Unternehmenskanal, sozusagen als Ihr Interessensprofil. Falls Sie jedoch befürchten, dass User bei dem Besuch in Ihrem Channel auf ein Konkurrenzvideo klicken könnten, setzen Sie positive Bewertungen in den Einstellungen auf privat (siehe Abbildung 6.3):

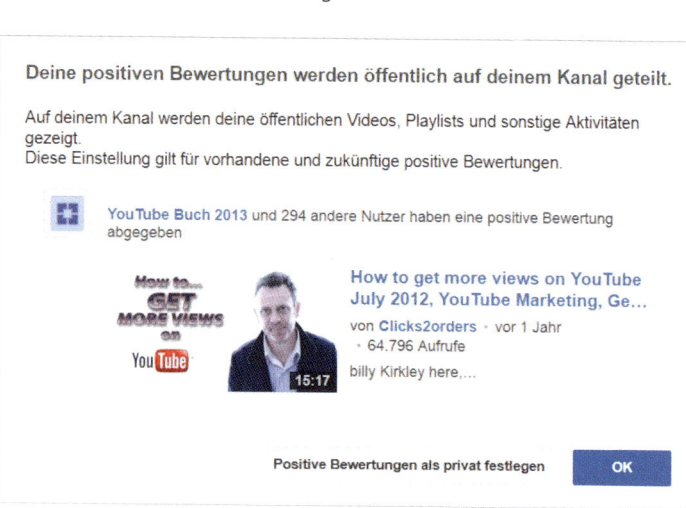

*Abb. 6.4:* Positive Bewertungen in Ihrem Unternehmenskanal anzeigen

Dies sind selbstverständlich unterstützende Schritte, um mehr aktive User auf Ihre hochgeladenen Videos zu bekommen. Mit den ausführlich dargestellten Optimierungsmaßnahmen sollten die User auf YouTube selbst, zum Beispiel über die Suche, auf Ihr Video kommen. Doch Ziel Ihrer Videomarketingkampagne sollte neben einer hohen Anzahl an Views auch sein, selbst Kommentare zu Ihren Videos und Abonnements Ihres Kanals zu bekommen.

# 6.2 Interaktion mit YouTube-Usern

Um Ihr YouTube-Netzwerk zu erweitern, haben Sie sich als aktiver User bewiesen. Sie abonnieren Kanäle von themenrelevanten Inhalten, kommentieren und bewerten Videos – all dies sind natürliche Signale, die der Suchmaschine YouTube als wichtige Bewertungskriterien dienen. Wenn Sie sich nochmals das Periodensystem für gutes Videomarketing vor Augen rufen, entdecken Sie die blauen Felder – nämlich die sozialen Interaktionen auf YouTube. Genau dies gibt Ihren Onlinevideoinhalten den richtigen Booster, um weit oben auf den Suchergebnisseiten von YouTube zu erscheinen. Nun geht es darum, diese Signale auf Ihre Videos zu bekommen.

Im Folgenden zeige ich Ihnen, wie Sie mit kleinen Tricks direkt zu Ihrer Interessengruppe sprechen und diese wichtigen sozialen Signale bekommen. Wichtigste Grundlage: ein ansprechendes Video! Die vorgestellten Maßnahmen sind sozusagen das Salz in der Suppe, damit es Ihren Zuschauern noch besser schmeckt.

## 6.2.1 Kommentare, Bewertungen, Abonnements

Bewertungen und Kommentare sind die offensichtlichsten sozialen Signale, die Ihre Zuschauer an YouTube senden können. Anhand der Daten bewertet die Suchmaschine YouTube, ob das Video beliebt ist (Besucherzahlen) und ob es relevant für die Zielgruppe ist (Kommentar- und Bewertungszahlen). Denn ohne Zweifel möchte Google und somit auch YouTube Inhalte mit einem echten Mehrwert fördern und nach vorne bringen. Im Klartext heißt das: Ein Video gänzlich ohne Kommentare oder Bewertungen wird nicht so präsent angezeigt wie eine Bewegtbildkampagne mit Bewertungen und Zuschauermeinungen.

Neben dieser Suchmaschinensicht ist also auch die Bedeutung von Kommentaren und Bewertungen innerhalb von YouTube nicht zu vernachlässigen. Sie sind Rezensionen Ihrer Inhalte und wenn diese positiv ausfallen, steigt die Wahrscheinlichkeit, dass Videos angeschaut oder gar weiterempfohlen werden. Oder würden Sie ein Buch lesen, das ausschließlich schlechte Kritiken abbekommen hat? Wohl kaum – und ebenso verhält es sich bei der YouTube-Gemeinde. Sie gelten als Signal, ob ein Video in aller Munde ist und somit sehenswert oder ob es sich um ein Video ohne wirkliches Konzept handelt. Der YouTube-Kanal LeileiStyle hat dies erkannt und kann auf beeindruckende Kommentar- und Bewertungszahlen blicken (siehe Abbildung 6.5):

***Abb. 6.5:*** Mehr als 400 Kommentare sowie 1.280 Bewertungen hat das Video zum Thema »Haare selbst schneiden« bekommen – ein sehr guter Wert!

Gesagt ist das leicht, doch wie bekommen Sie Zuschauer dazu, Ihre Inhalte positiv zu bewerten? Offene Kommunikation ist hier das Zauberwort. Sie wollen Kommentare? Dann bitten Sie darum! Sie möchten, dass die User Ihr Video bewerten? Dann fragen Sie höflich danach.

Die **Description Box** ist eines der wichtigsten Felder, in das Sie die Aufforderung zum Kommentieren und Bewerten einbringen sollten. Vielen Usern ist nicht bewusst, dass YouTube-Marketing auch Social Media Marketing ist und Kommentare und Bewertungen wichtig sind. In der Beschreibung des Videos haben Sie genügend Platz, um dies in Worte zu fassen und so Ihre Zuschauer direkt anzusprechen. YouTube-User »Esslust« hat dies bei seinen Rezeptvideos gut integriert und hat auch schon einige Kommentare und Bewertungen erhalten (siehe Abbildung 6.6). Das Ergebnis: Platz 1 für das von ihm beworbene Keyword.

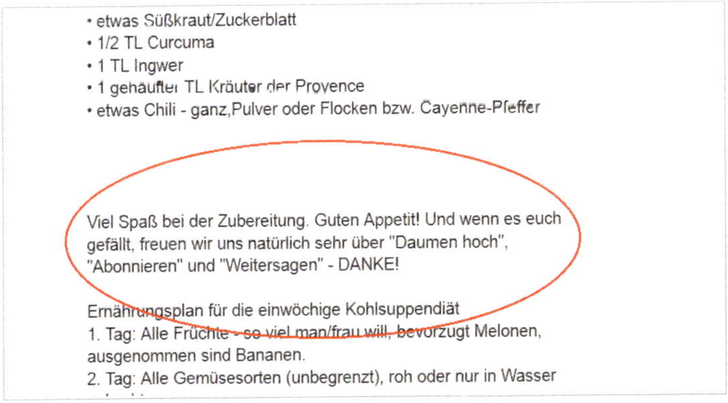

> • etwas Süßkraut/Zuckerblatt
> • 1/2 TL Curcuma
> • 1 TL Ingwer
> • 1 gehäufter TL Kräuter der Provence
> • etwas Chili - ganz,Pulver oder Flocken bzw. Cayenne-Pfeffer
>
> Viel Spaß bei der Zubereitung. Guten Appetit! Und wenn es euch gefällt, freuen wir uns natürlich sehr über "Daumen hoch", "Abonnieren" und "Weitersagen" - DANKE!
>
> Ernährungsplan für die einwöchige Kohlsuppendiät
> 1. Tag: Alle Früchte - so viel man/frau will, bevorzugt Melonen, ausgenommen sind Bananen.
> 2. Tag: Alle Gemüsesorten (unbegrenzt), roh oder nur in Wasser

*Abb. 6.6:* Kochen mit YouTube? Natürlich mit einer Extraportion Kommentieren und Bewerten im Description-Feld des Videos!

Eine weitere, sehr zentrale Möglichkeit, diese sozialen Aktivitäten zu bewerben, ist **in Form eines Vorspanns** vor dem eigentlichen Video. Ich hatte zwar bei der Videoproduktion empfohlen, eine möglichst kurze Einleitung zu wählen, dennoch kann ein einfarbiger Hintergrund mit einer schlichten Schrift dabei helfen, die Zuschauer auf diese Funktionen hinzuweisen. Man sieht jedenfalls häufig solche Einstellungen auf YouTube. Ein solches Intro zu erstellen, ist denkbar einfach. Erinnern Sie sich noch an den Video-Editor, in dem Sie die Videos aus einzelnen Clips zusammenfügen können. Genau hier müssen Sie hin (*http://www.youtube.com/editor*)! Mit einem Klick auf das kleine a in der horizontalen Navigationsleiste gelangen Sie zum sogenannten Texttitel – in verschiedenen Ausführungen:

1. Zentrierter Titel
2. Banner
3. Zentrierten Titel einblenden
4. Folie
5. Zoom

Anschließend den gewünschten Text in das dazugehörige Feld eintragen, Schrift- und Hintergrundfarbe wählen und links unten vor dem eigentlichen Video einfügen (siehe Abbildung 6.7). Falls Ihnen das Intro zu kurz ist und Sie die Befürchtung haben, dass die Zuschauer den abgebildeten Text in der Kürze der Zeit nicht lesen können, können Sie die Länge des Vorspannes anpassen, in dem Sie den Clip am rechten Rand nach rechts ziehen, um die Clipbox zu verlängern.

*Abb. 6.7:* So erstellen Sie ein Intro mit Textelementen

---

## Tipp

Falls Sie mit Ihrem Intro unzufrieden sind: Mit einem Klick auf eine weitere Funktion können Sie die Art des Textes/Ihres Texttitels bequem anpassen. So entdecken Sie die Möglichkeiten Ihres Intros.

---

Mit einer **Videoeinblendung**, also einer separaten Textbox, die in Ihrem Video auftaucht, haben Sie zwar ein sehr zentrales Medium, jedoch werden diese Werbemaßnahmen häufig als störend empfunden. Trotzdem bin ich ein Fan von solchen Boxen, da Sie so die Aufmerksamkeit des Zuschauers auf jeden Fall bekommen. Als Möbelhaus könnten Sie zum Beispiel Anleitungsvideos ins Netz stellen, wie ein bestimmtes Möbelstück aufgebaut wird – so wie es der YouTube-User in Abbildung 6.8 gemacht hat. Er verwendet die angesprochene Textfunktion.

Die sogenannte »Anmerkungen«-Funktion finden Sie im Bearbeitungsmodus Ihres Videos. Klicken Sie auf den Video-Manager und anschließend auf das Feld »Bearbeiten« neben dem Video. In der oberen Navigation ist der angekündigte Bereich. Dort können Sie sekundengenau das Aktionsfeld hinzufügen und mit einem Text versehen (siehe Abbildung 6.9):

*Abb. 6.8:* Textboxen können in ein Video integriert werden

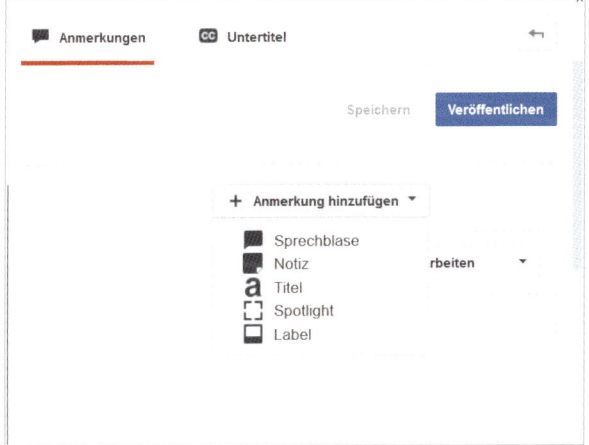

*Abb. 6.9:* Anmerkungen in das Video einfügen

## Tipp

Probieren Sie die einzelnen Elemente ruhig aus. Durch das Verschieben der einzelnen Funktionen auf der Zeitleiste unter dem Video können Sie verschiedene Effekte ausprobieren. Und auch wenn nicht das Passende dabei ist: Mit einem Klick auf das kleine Mülltonnensymbol entfernen Sie die Textanmerkung aus dem Video, die Sie zuvor in der Zeitleiste eingefügt haben. Die Inhalte befinden sich wieder im Originalzustand.

Der wichtigste Punkt ist es, Ihre Zuschauer immer wieder darauf aufmerksam zu machen, dass sie kommentieren und bewerten sollen. Auch auf das Abonnieren Ihres Unternehmenskanals ist wiederholt hinzuweisen. Im Video selbst können Sie die YouTube-User direkt ansprechen, um den Social-Media-Gedanken ins Gedächtnis zu rufen. Alternativ eignet sich auch eine kurze Tonsequenz am Anfang oder Ende des Videos. In Abbildung 6.10 sehen Sie, wie es der Kanal »simonscat« sehr erfolgreich macht – im Übrigen sind die Videos sehr amüsant – wirklich empfehlenswert und ein Beweis für tolles YouTube-Marketing:

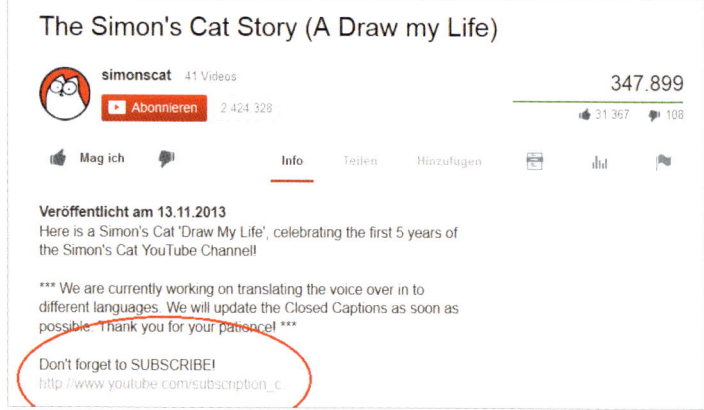

**Abb. 6.10:** »Don't forget to suscribe« – in der Description kommt die direkte Aufforderung, den Kanal zu abonnieren.

Mit kleinen Tricks können Sie Ihre Zuschauer zusätzlich animieren, die Videos anzuschauen und zu kommentieren. Anbei ein paar kleine Ideen:

### Fragen stellen

Stellen Sie sich vor, Sie begegnen einem Kollegen/einer Kollegin auf dem Flur und fragen: »Wie geht es dir?« Wenn nun keine Antwort kommt, stempeln Sie diejenige Person als äußerst unfreundlich ab.

Das Antworten auf Fragen gilt als höflich. Entsprechend psychologisch geschickt ist es, wenn Sie in Ihrer Description, in den Einblendungen sowie im Video selbst eine markante Frage stellen. Mit diesem rhetorischen Hilfsmittel schaffen Sie eine Kommunikationsbrücke zwischen Ihnen, dem scheinbar unnahbaren, anonymen Videoproduzenten auf YouTube, und Ihrem Zuschauer. Dies kann eine ganz einfache Ja-Nein-Frage sein (Hat Ihnen unser Video gefallen?) oder Sie gehen raffinierter vor und bedienen sich der klassischen W-Fragen:

▸ Was hat Ihnen besonders gefallen?
▸ Wie können wir unsere Videos verbessern?
▸ Wobei können wir Sie mit unserem Produkt unterstützen?
▸ Welche Bereiche haben Sie besonders interessiert?

Hier bleibt dem YouTube-User mehr kreativer Spielraum, den er beim Kommentieren Ihrer Videos oder Ihres Unternehmenskanals nutzen kann. Zudem erfahren Sie auf diese Art und Weise, welche Themen Ihr Zuschauer demnächst von Ihnen sehen will. Besser geht Kommunikation nicht!

### Herausfordern

Als Betreiber einer Wäscherei zeigen Sie in Ihrem Video, wie man besonders schnell und akkurat T-Shirts zusammenfaltet. Warum machen Sie daraus nicht einen interaktiven Wettbewerb? Wie schnell schafft ihr es, ein T-Shirt ordnungsgemäß zusammenzufalten? Das weckt den Ehrgeiz des Users und sorgt für viele Kommentare. Denn insbesondere solche Wettbewerbe, in denen die User ihr eigenes Können einer großen Anzahl von Menschen unter Beweis stellen können, eignen sich hervorragend als Pusher Ihrer Social-Media-Maßnahmen auf YouTube.

> ### Tipp
> Stellen Sie zudem eine provokante Frage, nach dem Motto: »Na, könnt ihr das noch schneller/besser etc.?« Das hat einen anspornenden Effekt.

### Hilfe anbieten

In einem Tutorial zeigt einer Ihrer IT-Spezialisten, wie man eine Laptoptastatur bei einem bestimmten Modell austauscht. Das spricht zwar eine sehr spezielle Zielgruppe an, aber was ist mit all den anderen, die ebenfalls ein defektes Keyboard besitzen, aber eben ein anderes Modell? Geben Sie dem Zuschauer die Möglichkeit, sich mit seinem persönlichen Problem an

Sie zu wenden und bieten Sie Ihre Hilfe an. So kann ein Hinweis in der Description sehr nützlich sein, dass die YouTube User gerne in den Kommentaren hinterlassen können, für welches Laptopmodell ein weiteres Onlinevideo erstellt werden soll.

Nicht nur dass Ihr Video mehr Signale in Form von Kommentaren bekommen wird: Sie betreiben ein gutes Servicemanagement, denn der Zuschauer sieht, dass Sie sich für seine Bedürfnisse im Bereich Technik interessieren.

## Vorsicht

Erhalten Sie eine konkrete Anfrage zu einem Produkt oder einer Dienstleistung per Kommentar, sollten Sie über die Produktion des entsprechenden Videos nachdenken. In jedem Fall sollten Sie auf die Reaktion des Users eingehen – in Form eines erneuten Kommentars auf seine Äußerung. Denn die Wahrscheinlichkeit ist sehr hoch, dass der Zuschauer Ihre Videos nicht mehr ansieht, wenn er sich ignoriert fühlt.

## 6.2.2 Videokommentare

Vielleicht haben Sie schon von Bekannten oder in Berichten über YouTube-Marketing von den sagenumwobenen Videoantworten gelesen. Dies waren Videos, die als Vorschläge unter einem Video angezeigt wurden. Und wieso das in der Vergangenheitsform? Weil YouTube die Videoantworten im September 2013 eingestellt hat.

SEO- und Social-Media-Experten schätzten die Rolle dieser Art des Kommentierens als besonders stark ein. Zum einen wirkte sich das Platzieren von solchen Videoantworten im Kommentarfeld positiv auf das Ranking auf den YouTube-Suchergebnisseiten aus, zum anderen erhielt das Video dort viel Aufmerksamkeit.

Speziell in den Anfangsjahren von YouTube waren die Videokommentare sehr beliebt. Hatte ein Video hohe Klickzahlen, hinterließ man einfach im entsprechenden Format eine Videoantwort und profitierte somit vom Erfolg anderer, da diese sehr prominent über den restlichen Kommentaren angezeigt wurden. Wie so oft wurde dies jedoch als Spam missbraucht. Entsprechend ist es nicht verwunderlich, dass YouTube mit der Überarbeitung der Kommentarfunktionen die Videokommentare ausmistete.

Dennoch ist es für Sie gut zu wissen, dass diese Funktion schon einmal existierte, da es im YouTube-Periodensystem auf Seite 105 immer noch als starker Einfluss für den Erfolg eines Onlinevideos angepriesen wird. Meine Prognose: Diesen Platz wird Google+ einnehmen, denn durch die immer engere Vernetzung beider Portale ist es der nächste logische Schritt, dass auch die Optimierung des Google+-Kanals, der mit dem YouTube-Channel verbunden ist, einen positiven Effekt haben wird.

---

### Hinweis

Weitere Infos zur Einstellung der Videokommentare gibt es auf:

‣ *http://starsofvideo.de/2013/08/29/youtube-stellt-die-funktion-video-antwort-ab-dem-12-september-ein/*

‣ *http://youtubecreator.blogspot.de/2013/08/so-long-video-responses-next-up-better.html*

---

## 6.2.3 Niemals: Fans kaufen

Wenn sowieso alles auf die Anzahl der »Gefällt mir«-Klicks, der Kommentare sowie der Abonnements geht, wieso nicht einfach die Möglichkeiten des Internets nutzen? Es gibt tatsächlich Firmen mit Lockangeboten, die Ihnen das Blaue vom Himmel versprechen – 250 echte Abonnements für Ihren YouTube-Kanal, und das für einen geringen Obulus. Selbst auf Ebay kann man heutzutage YouTube-Fans kaufen (siehe Abbildung 6.11):

***Abb. 6.11:*** YouTube-Abonnenten online kaufen – halten Sie bloß Abstand!

Sicherlich ist der Reiz groß bei all den vielversprechenden Angeboten. Doch die Erfahrung aus der Onlinemarketingwelt, insbesondere im Bereich Social Media und Suchmaschinenoptimierung, hat gezeigt, dass solche plötzlichen und rasanten Impulse für eine Website/einen Webauftritt eher schädlich sind, als dass sie nutzen. So geht Google durch das sogenannte Penguin Update gegen unnatürlich wachsende Linkprofile von Websites vor – eben solche künstlich schnell wachsenden Strukturen, wie sie für gekaufte Fans und Abonnements auf YouTube typisch sind. Google und somit auch die YouTube Plattform sehen es nicht all zu gerne, wenn auf einen Schlag ein ganzer Schwung Abonnenten und »Gefällt mir« Bewertungen zu sehen sind.

Abermals will ich aber auch den Gedanken hinter einem Social Network wie YouTube herausstellen. In Netzwerken wie diesen geht es um den Austausch mit anderen Usern, um das Kommentieren und den Kontakt zum Unternehmen. Bemerkt ein »echter« Fan Ihres Unternehmenskanals, dass das große Netzwerk eigentlich nur eine aufgeblähte Blase ist, haben Sie ihn schneller verloren, als Ihnen lieb ist.

Weiterhin vergessen viele Marketingbetreuer von YouTube-Kanälen, dass nicht nur die Anzahl der Klicks entscheidend ist, sondern auch, ob ein Video bis zum Schluss gesehen wird. Ein Onlinevideo von vorne bis hinten anzusehen, verweist eindeutig auf die Qualität eines solchen Formats. Der Klick des reinen Klickens wegen, damit eine größere Zahl neben dem Video in der Suchergebnisseite auf YouTube steht, bringt dort nicht sehr viel. Dazu ist YouTube als Suchmaschine zu clever – zum Glück! Und auch in den Richtlinien des Partnerprogramms finden Sie einen eindeutigen Passus zu dieser »Verschleierung«[20]:

> *Du darfst nicht auf deine eigenen Anzeigen klicken oder auf irgendeine Weise, auch nicht manuell, versuchen, die Anzahl der Aufrufe, Impressionen und/oder Klicks künstlich in die Höhe zu treiben.*

In den Allgemeinen Geschäftsbedingungen von YouTube gibt es hierzu keinen so offensichtlichen Passus, jedoch berichten viele Marketingexperten, die den Abonnentenkauf zum Test abgeschlossen haben, von gesperrten Videos (siehe Abbildung 6.12):

---

20. *http://www.youtube.com/yt/partners/de/program-policies.html*

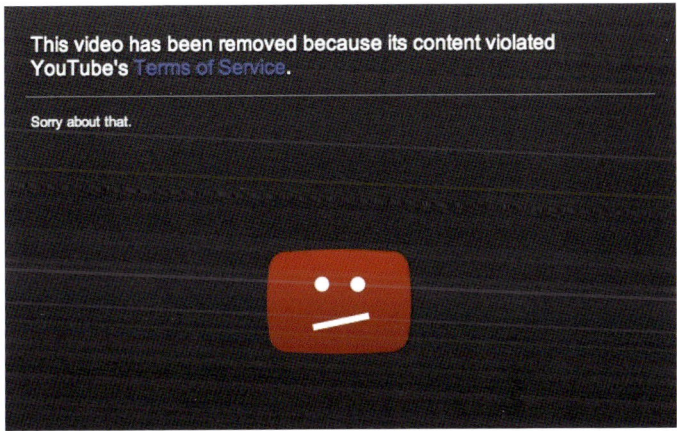

**Abb. 6.12:** Mit gekauften Links könnte Ihr Video gelöscht werden – aufgrund eines Verstoßes gegen die YouTube-Richtlinien.

Ein natürliches Wachstum verleiht Ihrem Unternehmen in Sachen Video-marketing viel mehr Schub als schnelle Ergebnisse ohne langfristige Ziele. Das ist zwar weniger schön als die verlockenden Angebote zum Klick- und Abonnentenkauf, aber doch der ehrlichere und nachhaltigere Ansatz.

---

### Tipp

Zahlreiche Reportagen haben über die Machenschaften der »Klickmafia« auf Facebook, Twitter oder YouTube berichtet. Falls Sie Interesse an tiefer-gehenden Informationen haben:

- *http://blog.zdf.de/hyperland/2011/05/klickbetrug/*
- *http://videopunks.de/youtubes-kampf-gegen-gekaufte-abrufe/*
- *http://www.sueddeutsche.de/digital/klickfarmen-in-bangladesch-gekaufte-freunde-1.1739441*

---

## 6.3  Zusammenfassung

YouTube ist ein Social Media Netzwerk? Und was für eins! Neben Face-book, Twitter, Instagram und Google+ gehört YouTube zu den meist frequentierten Social-Media-Plattformen weltweit und entsprechend wichtig ist es, dies für erfolgreiches Videomarketing zu verinnerlichen. Denn für die Suchmaschine stellen Signale aus diesem aktiven Netzwerk eine bedeutende Bewertungsgrundlage dar.

Zunächst sollten Sie sich ein eigenes Netzwerk aufbauen. Dies gelingt Ihnen auf der einen Seite durch das Hinzufügen von bereits bestehenden Kontakten auf Google+. Da beide Seiten von Google vernetzt sind, hat dies ebenfalls positive Effekte auf Ihren YouTube-Kanal. Auf der anderen Seite sollten Sie auch aktiv nach neuen Interessen- beziehungsweise Zielgruppen Ausschau halten. Das Ansehen von themenrelevanten Videos, zum Beispiel von Konkurrenten, gibt Ihnen einen guten Überblick dazu. Bewerten Sie entsprechende Onlineinhalte, hinterlassen Sie Kommentare und folgen Sie Kanälen. Damit zeigen Sie sich interessiert an der Branche und Ihr Kanalname wird prominent anderen Usern angezeigt. Auf diese Weise schaffen Sie es zwar nicht, Unmengen neuer Fans zu generieren, doch der ein oder andere User wird auf Ihre Bewegtbildinhalte aufmerksam werden. Eventuell wird er diese ebenfalls an Bekannte weiterleiten und der Social-Media-Effekt nimmt seinen Lauf.

Aktiv und selbstbewusst sollten Sie auf Ihre Zielgruppe zugehen und die YouTube User um Kommentare und Bewertungen der angeschauten Videos bitten. Dies können Sie entweder im Video selbst, beispielsweise über einen Vorspann mit Texteinblendung oder als Tonspur, anstoßen oder Sie nutzen das vielseitige Angebot im Description-Feld. Die Kombination der einzelnen Maßnahmen erhöht entsprechend die Wahrscheinlichkeit, dass Ihre Videos ein Feedback bekommen. Deshalb ist es sinnvoll, so präsent wie möglich aufzutreten – ohne Angst, den User mit zu viel Call-to-Action zu verschrecken.

Bei all den Lobpreisungen und Möglichkeiten des Social-Media-Marketings auf YouTube sollten Sie jedoch auf keinen Fall auf bezahlte Klicks, Views und Kommentare zurückgreifen. Speziell für einen langfristigen Erfolg Ihrer YouTube-Aktivitäten ist es wichtig, dass Ihre »Fangruppe«, wenn man das so nennen kann, natürlich anwächst. Insbesondere im Bereich der Suchmaschinenoptimierung haben die Erfahrungen des Penguin Updates gezeigt, dass unnatürlich gewachsene Strukturen schädlich sind und die Suchmaschine dies auch bemerkt. Finger weg also von Lockangeboten, die Ihnen »garantiert echte« YouTube-Kontakte vermitteln möchten.

# 6.4    Drei Fragen an...

Thomas Hutter (37), Inhaber und Geschäftsführer der Hutter Consult GmbH. Er berät große und mittlere Unternehmen, Organisationen und Agenturen in der Schweiz, in Deutschland, Österreich und in den Niederlanden.

Er unterrichtet am Medienausbildungszentrum Luzern (MAZ), an der Hochschule für Wirtschaft Zürich (HWZ) und an der Fachhochschule Nordwestschweiz (FHNW) und führt Seminare für diverse Seminaranbieter in Deutschland, Österreich und der Schweiz durch.

Neben der Berater- und Dozententätigkeit schreibt er Fachartikel für namhafte Zeitungen und Fachzeitschriften. Sein Blog zu Facebook-Marketing und Social Media, thomashutter.com, gilt als eine der Ressourcen zu den aktuellen Entwicklungen im Bereich Facebook-Marketing und Social Media im deutschsprachigen Raum.

**Warum wird Ihrer Meinung nach die Rolle YouTubes als Social-Media-Plattform nach wie vor unterschätzt?**

YouTube wird von vielen Menschen nicht als Social-Media-Plattform wahrgenommen, weil Videos ohne Login betrachtet werden können. Das heißt YouTube wird von vielen als Videoplattform wahrgenommen, da die Social-Media-Funktionen nicht offensichtlich von Google dem Nutzer aufs Auge gedrückt werden, wie dies beispielsweise in Facebook der Fall ist.

**Wie bekomme ich User zum Kommentieren?**

Optimal sind Hinweise bzw. Handlungsaufrufe innerhalb des Videos.

**Was ist Ihr Geheimtipp, User von YouTube auf den Unternehmenskanal und die Onlineinhalte aufmerksam zu machen?**

Integration von Hinweisen direkt in die Videos inklusive entsprechender Verlinkungen.

# 6.5 Checkliste

Auch Ihre Social Media Kenntnisse über YouTube müssen sitzen, bevor Sie sich an Kapitel 7 wagen dürfen. Wie gewohnt zum Ende eines Abschnitts die Checkliste zum Abhaken:

❏ **Eigenes Netzwerk:** Ich habe sowohl auf Google+ als auch YouTube selbst mein Netzwerk erweitert. Hierzu zählen die Vernetzung von bekannten Google+-Profilen sowie das Abonnieren und Bewerten themenrelevanter Videoinhalte und Kanäle.

❏ **Aktivität:** Ich hinterlasse selbst Kommentare zu themenrelevanten Videos, damit mein Unternehmenskanal prominent angezeigt wird (Branding).

❏ **Motivieren:** Ich nutze die vielfältigen Möglichkeiten, meine Zielgruppe auf das Abonnieren und Bewerten aufmerksam zu machen. Eine Aufforderung (»Call-to-Action«) befindet sich in der Description, als einblendende Textbox oder als Vor-/Abspann. Ich habe verstanden, dass ich auch eine Kombination aus allen Möglichkeiten nutzen kann.

❏ **Wachsamkeit:** Ich verfolge regelmäßig eingehende Kommentare und beantworte diese bei konkreten Fragestellungen oder interessanten Beiträgen.

❏ **Umgangston:** Beim Umgang mit Kommentaren bleibe ich sachlich und freundlich, auch wenn die Äußerungen negative oder gar beleidigend sind.

❏ **Nachhaltigkeit:** Ich kaufe keine Abonnenten oder Klicks für meine Onlinevideoinhalte auf YouTube.

# Kapitel 7

# Verbreiten und teilen

Jetzt, da das Grundgerüst auf YouTube selbst steht, heißt es, das Video- und Social-Media-Portal zu verlassen und Ihre optimierten Onlinevideoinhalte einem größeren Publikum zu zeigen. Die Vernetzung Ihres Unternehmenskanals mit anderen Websites ist eine wichtige Aufgabe. Signale von außerhalb stellen eine Empfehlung Ihrer Inhalte dar und lassen Ihre Videos im Ranking steigen. Deshalb sollten Sie die nachfolgenden Ratschläge in Ihr Know-how übernehmen und anwenden. Denn bereits mit einfachen Kniffen kann man die Bekanntheit eines YouTube-Channels enorm verbessern.

# 7.1    … auf der Website

Sicherlich gehören zu den 82 Prozent der deutschen Unternehmen, die laut einer Umfrage der BITKOM[21] eine eigene Internetpräsenz besitzen. Da Sie ja bereits bei den Optimierungsmaßnahmen fleißig Links auf Ihre Website gesetzt haben und so hoffentlich den einen oder anderen User von YouTube auf Ihre Website gelenkt haben, gehen Sie nun den umgekehrten Schritt. Angesichts der steigenden Besucherzahlen im Netz müssen auch alle Benutzer, die auf Ihre Website gelangen, erkennen, dass Sie Videomarketing betreiben. Ihre Produkte und Dienstleistungen in Aktion: Was will man mehr! Auf diese Weise zeigen Sie dem Interessenten, was Ihr Expertenbereich ist und weshalb er sich für Sie entscheiden sollte.

Es gibt zwei Möglichkeiten, Ihre Videos auf Ihrer Website zu integrieren: die Mikro- und die Makroebene, das heißt eine direkte Verlinkung in ein spezielles Video oder der Verweis auf Ihren YouTube-Unternehmens-Channel. Im Folgenden veranschauliche ich die technische Realisierung.

## 7.1.1    Das YouTube-Icon

Optisch ansprechend und sehr präsent ist die Integration eines YouTube-Icons im Kopfbereich oder alternativ im Fußbereich Ihrer Website. Zum einen erhält Ihr Unternehmenskanal so einen sehr starken Referenzlink, zum anderen sehen die Websitebesucher, dass Sie auch auf YouTube vertreten sind. Abbildung 7.1 zeigt ein Beispiel für ein solches kleines YouTube-Logo im Header der Website:

---

21. *http://www.bitkom.org/de/presse/8477_76065.aspx*

*Abb. 7.1:* Das YouTube-Logo direkt im Header

Ihre Grafikabteilung beziehungsweise Ihre Agentur, welche die Website für Sie konzipiert hat, muss hierfür lediglich eine Grafik im Design Ihrer Internetpräsenz erstellen. Sie wird dann anschließend in den Kopfbereich integriert. Da es sich um ein Bildelement handelt, können Sie eine direkte Verlinkung auf den YouTube-Channel einstellen. Mit nur einem Klick gelangt der User somit auf Ihren YouTube-Kanal. Das sind optimale Bedingungen für mehr Abonnenten und Klicks in Ihren Videos.

## 7.1.2 Videos einbetten

Die eigenen Videos können zudem auf Kategorie- oder Unterseiten Ihrer Website integriert werden. Für den User hat das den einmaligen Vorteil, dass er Ihre Seite nicht erst verlassen muss, um auf Ihren YouTube-Kanal zu kommen. Mit einem Klick auf den Play-Button werden die Bewegtbildinhalte abgespielt. Auch wenn Sie nun die Befürchtung haben, dass dann die Kommentar- und Bewertungsfunktion entfällt, herrscht kein Grund zur Panik. Auch durch das sogenannte »Einbetten« Ihrer YouTube-Videos auf Ihrer Website bleibt den Zuschauern die Möglichkeit sozialer Interaktivität erhalten!

Und so geht's: Klicken Sie auf YouTube in der Videoansicht auf den Reiter »Teilen«. Anschließend können Sie die verschiedenen sozialen Netzwerke wie Facebook, Twitter und Co. auswählen, aber auch die Option »Einbetten«. Mit einem Klick auf diesen Unternavigationspunkt öffnet sich ein neuer Bereich im Fenster, der Ihnen den Code für Ihre Website aufzeigt.

Neben der Standardeinstellung »560 x 315« können Sie unter diesen Einstellungen auch eine andere Videogröße auswählen. Der Code wird dann entsprechend angepasst, sodass das Video nach dem Einbau des »Embed-Codes« in der gewünschten Größe abgespielt wird (siehe Abbildung 7.2):

*Abb. 7.2:* So erhalten Sie den Code zum Einbetten Ihres YouTube-Videos.

Wichtig ist dabei, die technischen Eigenschaften Ihrer Website zu betrachten. Einige Internetpräsenzen unterstützen nämlich den hier angezeigten Code nicht. YouTube stellt hierfür zwei Arten von »Embed-Codes« zur Verfügung:

▸ Neu: beginnt mit "`<iframe...`" und unterstützt Flash und HTML5-Video

▸ Alt: beginnt mit "`<object...`" und unterstützt nur Flash

Falls Ihre Website den automatisch generierten neuen Einbettungscode nicht akzeptiert und das Video nicht auf der Website abzuspielen ist, setzen Sie einen Haken in das dritte Kästchen bei »Alten Einbettungscode verwenden«. Anschließend bauen Sie den Code erneut ein. Nun sollte das Abspielen Ihres YouTube-Videos funktionieren.

---

## Tipp

Fügen Sie den Code beispielsweise in das HTML-Gerüst Ihrer Website ein. Wählen Sie hierfür die geeignete Stelle auf einer Zielseite und platzieren Sie den Code im Backend der Seite.

Auf der eigentlichen Zielseite ist das eingebettete Video direkt anklickbar und öffnet sich im gleichen Browserfenster, ohne dass der User die Website verlässt. Diese Funktion zeigt sich wie folgt, in Abbildung 7.3 dargestellt in einem Onlineshop für Sportzubehör:

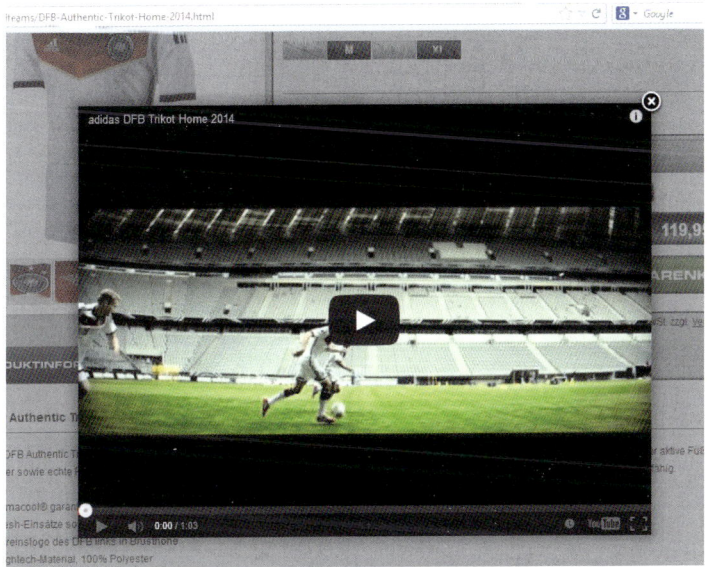

***Abb. 7.3:*** Der User kann direkt auf der Website das Video abspielen.

Zusätzlich können Sie Ihr Video mit einer automatischen Abspielfunktion versehen, falls Sie die Befürchtung haben, dass es auf Ihrer Website oder Ihrem Blog sonst nicht genug Aufmerksamkeit bekommt. Fügen Sie hierzu dem Einbettungscode des Videos direkt nach der Video-ID (der Buchstabenfolge nach "v/") die Zeichenfolge "&autoplay=1" hinzu. Für das in Abbildung 7.2 verwendete YouTube-Video bedeutete dies folgende Erweiterung des Codes:

```
<iframe width="560" height="315" src="//www.youtube.com/
embed/i6mfOBuLTeU&autoplay=1" frameborder="0"
allowfullscreen></iframe>
```

---

**Vorsicht**

Automatisch wiedergegebene Videos auf einer Website können von den Usern als störend empfunden werden, da der Ton ebenfalls abgespielt wird. Diese Funktion sollte mit Bedacht eingesetzt werden.

---

# 7.2 … in Social-Media-Kanälen

Werbung auf YouTube als Social-Media-Netzwerk ist zwar schön und gut, jedoch ist es unverzichtbar, auch über andere Kanäle die Info eines Unternehmenskanals beziehungsweise neuer YouTube-Videos zu streuen. Viel bringt viel ist hier genau die richtige Vorgehensweise, denn je mehr soziale Netzwerke Sie bespielen, desto höher ist die Wahrscheinlichkeit, dass User den Weg zu Ihren Onlineinhalten auf YouTube finden.

Wenn Sie sich in der Videoansicht befinden, klicken Sie wie beim Einbetten auf die untere Navigationsebene »Teilen«. Hier öffnen sich sowohl der direkte Videolink, den Sie zur Publikation kopieren können, als auch eine Auswahl an verschiedenen sozialen Netzwerken.

***Abb. 7.4:*** Videos teilen über soziale Netzwerke

Aktueller Stand (November 2013) ist die Verbindung von zehn Social-Media-Plattformen. Klicken Sie auf die einzelnen Logos der Netzwerke, gelangen Sie direkt auf die Anmeldeseite. So wird Ihnen das Teilen enorm vereinfacht.

▸ Facebook

Mit mehr als einer Milliarde registrierter User ist Facebook das weltweit größte soziale Netzwerk. Nach Angaben des Web-Informationsunternehmens Alexa[22] ist es nach Google die zweitmeist besuchte Website in Deutschland.

▸ Twitter

Im März 2006 gegründet, gehört Twitter inzwischen zu den Größen der sozialen Netzwerke. Microblogging in Echtzeit: 218 Millionen aktive User nutzen die Website regelmäßig.

▸ Google+

Wie bereits in den vorherigen Abschnitten ausgiebig erwähnt, steigt die Bedeutung des Google-eigenen sozialen Netzwerks stetig. Nicht nur dass jeder YouTube-Kanal automatisch mit einer Google+ Seite verbunden ist: Im März verfügte Google+ laut Angaben seines Pressesprechers Stefan Keuchel[23] über 6,7 aktive User – Tendenz steigend!

▸ Blogger

Blogger ist ein Blog-Hostingdienst, der von Google gekauft wurde. Er ermöglicht Usern ohne HTML- oder Programmierkenntnisse, einen eigenen Blog zu erstellen.

▸ Odnoklassniki

Das russische Online-Kontaktnetzwerk ist ähnlich aufgebaut wie Facebook – und ebenso erfolgreich. Odnoklassniki ist die derzeit sechstpopulärste Website Russlands und hat mehr als 130 Millionen registrierte User.

▸ Reddit

Hierbei handelt es sich um einen sogenannten Social News Aggregator. Registrierte Benutzer können auf der Website Inhalte einstellen, die von anderen Usern als positiv oder negativ beurteilt werden. Reddit hat 70 Millionen Unique User[24].

---

22. *http://www.alexa.com/topsites/countries/DE* (abgerufen: November 2013)

23. *http://www.mobiflip.de/deutschland-hat-67-millionen-aktive-nutzer-auf-google/*

24. *http://www.sueddeutsche.de/digital/internet-community-reddit-schickt-atheisten-und-politfans-auf-die-hinteren-plaetze-1.1724448*

- **VKontakte**

  Ein weiteres äußerst erfolgreiches soziales Netzwerk aus Russland ist VKontakte. Auch hier ist eine deutliche Nähe zu Facebook zu erkennen. Mehr als 100 Millionen registrierte Mitglieder, hauptsächlich in Russland, der Ukraine und den anderen GUS-Staaten, nutzen das Social-Media-Angebot regelmäßig.

- **Tumblr**

  Seit 2007 existiert die Blogging-Plattform, auf der User Texte, Bilder, Zitate, Links sowie Video- und Audiodateien veröffentlichen können. Insbesondere in den vergangenen zwei Jahren hat Tumblr enorm an Popularität gewonnen: Inzwischen nutzen mindestens 120 Millionen[25] weltweit den Dienst.

- **Digg**

  Digg ist ein Anbieter von Social Bookmarks, das heißt, es ist eine Plattform, die Linkempfehlungen ausspricht. Eine Themenspezialisierung gibt es nicht – es werden alle Arten von Nachrichten, Videos und Podcasts publiziert.

- **LiveJournal**

  Eine weitere Form des Bloggings bietet die Website LiveJournal, kurz LJ, an. Mehrere Millionen User nutzen dieses Angebot, um ihr digitales Tagebuch zu führen. Laut Wikipedia waren es im Jahr 2007 14 Millionen Nutzer weltweit – insbesondere im russischsprachigen Bereich.

Diese Social-Media-Plattformen stellen selbstverständlich nur eine Auswahl der verschiedenen Angebote im Netz dar. In Asien zum Beispiel gibt es noch zahlreiche weitere Netzwerke, wie zum Beispiel Qzone, Tencent Weibo, Sina Weibo oder Renren. Dennoch sind diese zehn Plattformen die wohl wichtigsten Websites, die im Bereich Social Media angeboten werden.

Generell gilt, dass Sie jedes soziale Netzwerk nutzen können, um die Reichweite Ihrer YouTube-Videos zu steigern. Mit der direkten Verknüpfung der zehn Plattformen erleichtert YouTube Ihnen das Teilen der Inhalte, doch Ihr Fachwissen ist ebenfalls gefragt. Sind Sie besonders im asiatischen Markt

---

25. *http://t3n.de/news/tumblr-statistiken-6-prozent-499551/*

aktiv, aber dafür nicht im russischsprachigen Raum, sollten entsprechende Webangebote genutzt werden.

Auch hier müssen Sie auf Duplicate Content, sprich doppelte Inhalte, verzichten. Haben Sie sich für ein oder mehrere soziale Netzwerke entschieden, erstellen Sie für den geteilten Link einen kurzen Teaser. Dieser kleine Text fasst zusammen, was der User auf dem YouTube-Video zu sehen bekommt. Texten Sie für jede Plattform einen eigenen Anrisstext!

---

### Tipp

Schaffen Sie Neugierde! Formulieren Sie zudem Fragen, die der User mit »Nein« beantworten wird. So kann die Fragestellung »Läuft Ihre Produktion bereits optimal?« dazu führen, dass der Interessent auf Ihren geteilten Link klickt, da er sich von den Informationen eine Verbesserung seines Produktionsprozesses verspricht. Auch eine Call-to-Action, also eine Aufforderung in Form des Imperativs, kann hier sehr hilfreich sein.

---

# 7.3    … in E-Mails

Die E-Mail ist immer noch die am meisten genutzte Kommunikationsform im Internet. Sowohl privat als auch für gewerbliche Zwecke nutzen Unternehmen weltweit diesen »elektronischen Brief«. Und auch bei Ihrer täglichen Arbeit werden Sie feststellen, dass ohne E-Mail überhaupt nichts mehr geht. Angebote schicken Sie in digitaler Form an Dienstleister, Fragen zu Produkten oder zum Versand wickeln Sie ebenso darüber ab. In einer Prognose der Radicati Group[26] schätzen die Experten einen stetigen Anstieg an Business-E-Mail-Accounts:

- 2013: 929 Millionen
- 2014: 974 Millionen
- 2015: 1,022 Milliarden
- 2016: 1,078 Milliarden
- 2017: 1,138 Milliarden

---

26. http://www.radicati.com/wp/wp-content/uploads/2013/04/Email-Statistics-Report-2013-2017-Executive-Summary.pdf

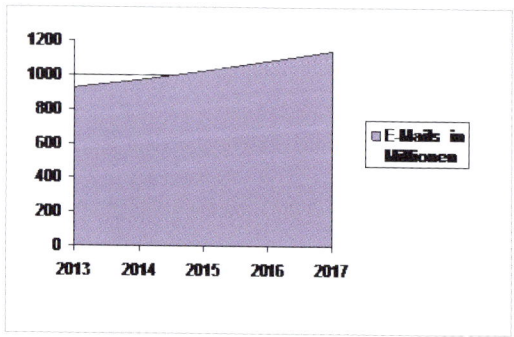

*Abb. 7.5:* Prognose geschäftlich versendeter E-Mails bis 2014

Den Fakt, dass all Ihre Interessenten und Kunden tagtäglich E-Mails lesen und verwalten, sollten Sie unbedingt für Ihr Videomarketing auf YouTube nutzen. Denn wo sonst können Sie Ihren Unternehmenskanal oder Ihre hochgeladenen Videos so prominent und mit hoher Lesegarantie an den Mann (oder die Frau) bringen wie in einer E-Mail?

Es gibt hierbei zwei Vorgehensweisen, wie Sie Ihre Onlineinhalte auf You-Tube bewerben können. Zum einen geht es um die Steigerung des Bekanntheitsgrads Ihres Channels, zum anderen geht es um den Verweis auf die einzelnen Videos, die Sie dort der Öffentlichkeit zur Verfügung stellen. Im Folgenden möchte ich Ihnen die einzelnen Maßnahmen vorstellen. Sie werden feststellen, wie einfach es ist, diese umzusetzen. Vielleicht werden Sie sich auch ärgern, dass Sie nicht bereits vorher auf die Idee gekommen sind.

## 7.3.1    E-Mail-Signatur

Im Fußbereich, also im unteren Teil Ihrer Mail, führen Sie in der Regel bei jeder E-Mail Ihre Kontaktdaten auf. Diese sogenannte Signatur wird automatisch an die Nachricht drangehängt, sobald sie versandt wird. Grundlage ist natürlich, dass Sie zuvor eine solche Signatur eingerichtet haben.

Angenommen, Sie arbeiten schon seit geraumer Zeit mit vorinstallierten Kontaktdaten unter der E-Mail Nachricht. Wieso fügen Sie hier nicht noch einen Verweis auf Ihre YouTube-Aktivitäten ein? Gleiches gilt selbstverständlich auch für alle Social-Media-Netzwerke, auf denen Sie aktiv sind.

Entweder Sie fügen dies als einfachen Hyperlink ein, das heißt als Link im Text, oder durch eine grafische Lösung, zum Beispiel das YouTube-Logo. Abbildung 7.6 zeigt beispielsweise den Signaturbereich des Newsletters von mitfahrgelegenheit.de und verdeutlicht auf einen Blick, auf welchen Portalen der Internetdienst erreichbar ist:

***Abb. 7.6:*** mitfahrgelegenheit.de ist auf Twitter, Facebook sowie Google+ aktiv und ebenso als RSS-Feed verfügbar.

Das Gleiche sollten Sie auch bei Ihrer E-Mail-Kommunikation beherzigen. Denn ebenso wie in Ihren YouTube-Videos selbst, in denen Sie in der Description sowie in den einblendenden Textboxen zum Abonnieren Ihres Kanals aufgerufen haben, sollten Sie auch in der restlichen Kommunikation so häufig wie möglich auf Ihre YouTube-Aktivitäten aufmerksam machen – vor allem, wenn es so einfach und kostenlos ist.

Da Sie für die Registrierung Ihres YouTube-Kanals eine Google-Adresse benötigen, zeige ich anhand einer googlemail.com-Adresse, wie man die einfachste Form der Signaturanpassung durchspielt. Loggen Sie sich zunächst ein, klicken Sie anschließend auf das kleine Zahnrad am rechten Bildschirmrand und wählen Sie die Auswahl »Einstellungen« (siehe Abbildung 7.7):

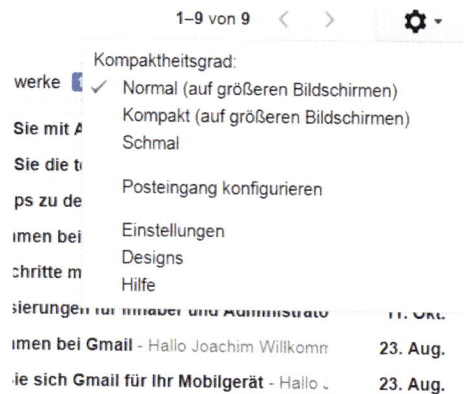

**Abb. 7.7:** Über das Zahnradsymbol gelangen Sie in die Einstellungen

Im nächsten Schritt scrollen Sie weiter nach unten bis zum Abschnitt »Signatur« und geben dort in das entsprechende Feld den gewünschten Signaturtext ein. Vorteil bei dieser Eingabe ist, dass Sie den Text mithilfe der Schaltflächen direkt über dem Textfeld formatieren können. Auch die Einbindung von Grafiken ist in dieser Einstellung möglich.

---

### Tipp

Auch für Microsoft Office besteht die Möglichkeit, eine individuelle Signatur einzustellen. Anleitungen gibt es wie immer kostenfrei im Netz:

- Outlook 2003: *http://office.microsoft.com/de-de/outlook-help/erstellen-einer-signatur-fur-nachrichten-HP005242746.aspx*
- Outlook 2007: *http://office.microsoft.com/de-de/outlook-help/andern-der-e-mail-signatur-HA010156014.aspx*
- Outlook 2010: *http://office.microsoft.com/de-de/outlook-help/erstellen-und-hinzufugen-einer-signatur-fur-eine-e-mail-nachricht-HA010352514.aspx*

Suchen Sie auch zusätzlich bei YouTube!

---

## 7.3.2 E-Mail-Marketing

Vielleicht betreiben Sie mit Ihrem Unternehmen bereits E-Mail-Marketing, das heißt das Versenden verschiedener Newsletter an Ihre Kunden. Aber auch wenn dies für Sie absolutes Neuland darstellt, ist das Prinzip einfach: Per E-Mail informieren Sie Ihre Kunden beziehungsweise Interessenten, die sich für Ihren Newsletter angemeldet haben, über aktuelle Informationen aus dem Unternehmen, Rabattangebote aus Ihrem Onlineshop oder versenden kundenindividuelle Gruß-E-Mails, zum Beispiel zum Geburtstag. Durch diese Form des Direktmarketings, also Werbebotschaften, die direkt an den Endverbraucher gerichtet sind, genießen Sie besondere Vorteile:

- Schnell
- Direkte Zustellung
- Unmittelbare Response
- Transparenz durch Messbarkeit
- Geringe Kosten

Dies sind die Pluspunkte die für das E-Mail-Marketing sprechen, aber da es sich hierbei um ein Buch über Videomarketing mit YouTube handelt, sollen hier vielmehr die Maßnahmen im Fokus stehen, die Ihnen mehr Aufmerksamkeit für Ihre Videos beziehungsweise Ihren Unternehmenskanal bringen.

Grundsätzlich ist ähnlich wie bei einer »normalen« E-Mail der Verweis auf einen YouTube-Kanal einzubauen. Dies kann in ähnlicher Form wie bei der Signatur geschehen. Alternativ können und sollten Sie Ihre neuesten Videos in Form einer Kundenmail an den gesamten Empfängerkreis schicken. Für einen Autohandel könnte dies ein Video sein, in dem der Stauraum eines Kombis gezeigt wird. Eine ansprechende Betreffzeile à la »So viel passt in unseren neuen XY« weckt Neugierde und fordert indirekt zum Klicken auf. Nun noch den Link zum YouTube-Video in die Mail und fertig ist der Weg zu Ihrem YouTube-Marketingerfolg.

### Hinweis

Eine grafische Lösung ist sicherlich ansprechender als ein reiner Textlink auf den Kanal. Doch falls Sie sich im Bereich Design und Technik nicht gut auskennen, ist ein Verweis in Form eines Textes immer noch besser als gar keiner!

**Abb. 7.8:** Das können Sie besser als der Discounter: Obgleich Lidl einen YouTube-Kanal hat, verweist der Newsletter nicht darauf.

# 7.4    … über Online-PR

Was geschieht, wenn ein Hersteller ein neues Produkt publik machen möchte? Er informiert die Presse! Auch in der Onlinewelt spielt das Thema Public Relations (PR) eine wichtige Rolle, denn ohne eine effektive Außendarstellung erfährt Ihre Zielgruppe nur schwer von Ihrem Portfolio an Dienstleistungen oder Produkten. Die sogenannte Online-PR umfasst entsprechend alle Maßnahmen, die den Bekanntheitsgrad eines Unternehmens beziehungsweise eines Produkts fördern.

Entgegen vieler Meinungen umfasst dies mehr als die reine Pressemitteilung. Auch der Aufbau von Landingpages oder der Upload von YouTube-Videos ist im engeren Sinn als PR-Maßnahme einzustufen. Fokussieren möchte ich mich dennoch auf die Möglichkeiten der Online-Pressemitteilung, da sie insbesondere im Bereich Linkaufbau sehr nützlich sein kann.

Online-Pressemitteilungen können im Gegensatz zu ihren klassischen Print-Vorgängern direkte Verweise auf Internetquellen geben. Das bedeutet, dass der Leser einer solchen Nachricht mit einem Klick auf eine Landingpage kommt, die für ihn weiterführende Informationen zum Thema bereithält. Versendet beispielsweise ein Onlineshop eine Pressemitteilung zu seinem neuesten Fußballschuh über das Internet, kann er direkt einen Link zum entsprechenden Schuh einbauen. Dies ist nicht nur für den Empfänger der Online-Pressemitteilung hilfreich. Auch für die Suchmaschine stellt dieser Link ein Signal dar. Wie bereits in den Kapiteln zuvor erklärt, stellen solche digitalen Verweise eine Art Empfehlung für Google und Co. dar. Hat eine Website verschiedenste Links, die auf sie verweisen (insbesondere von etablierten Seiten), wirkt sich das auf deren Sichtbarkeit im Internet aus. Abbildung 7.9 zeigt, wie ein solcher Link in einer Online-Pressemitteilung aussehen kann:

***Abb. 7.9:*** Text-Links verweisen direkt auf eine Landingpage der Website.

Da Ihre YouTube-Videos auch von außen Signale benötigen, die auf sie hinweisen, können Online-Pressemitteilungen deshalb dazu verwendet werden, das Linkprofil Ihres YouTube-Kanals und dessen Inhalte zu stärken. Verweisen Sie in einer Pressemitteilung daher auf thematisch passende Videos.

Zusätzlich bieten manche Presseportale ein Extrafeld an, in das ein Verweis auf den Unternehmenskanal beziehungsweise ein relevantes Onlinevideo gesetzt werden kann. Ein Beispiel hierfür ist PR-Gateway (http://www. pr-gateway.de/), das schon seit Längerem diese Zusatzfunktion anbietet. So lassen sich bis zu drei Links in der Pressemitteilung selbst setzen plus ein weiterer speziell für YouTube.

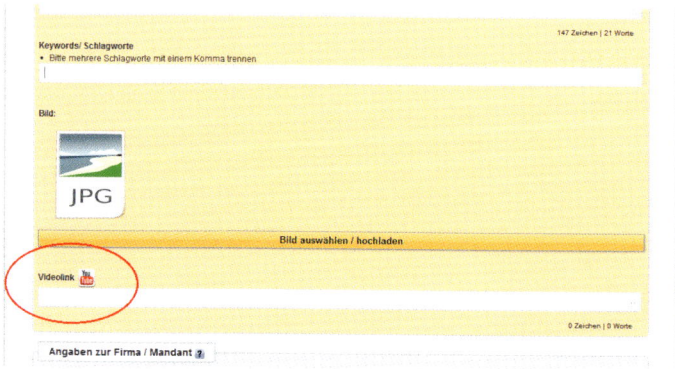

*Abb. 7.10:* Bei PR-Gateway gibt es ein gesondertes Feld für den YouTube-Kanal.

---

### Vorsicht

Über die Bedeutung von Online-Presseportalen wird in der SEO-Szene immer wieder diskutiert. Zur Pressearbeit sollten sie zwar eingebunden werden, jedoch nicht zu häufig. Denn sonst kann es als eine Art Link-Spamming angesehen werden – und Ihre Kunden verschrecken Sie damit.

---

## 7.5     ... über Gastbeiträge

Das Einbetten Ihres YouTube-Videos funktioniert natürlich nicht nur auf Ihrer eigenen Website. Auch auf anderen Internetpräsenzen oder in Blogs kann Ihr Onlinevideo integriert werden. Hierzu muss der Webseitenbetreiber lediglich wie oben beschrieben den Code einpflegen. Doch wie bekommt man wildfremde Seiten dazu, Ihre Inhalte zu verbreiten? Ein Gastbeitrag ist des Rätsels Lösung!

Im Bereich der Suchmaschinenoptimierung wird der Effekt von Gastbeiträgen zum Linkaufbau heftig diskutiert. Denn häufig versuchen Unternehmen sich in Blogs »einzukaufen«, um dort Ihre Produkte oder Dienstleistungen anzupreisen  -  komme was wolle. Google und andere Suchmaschinen erkennen jedoch solche gekauften Links an folgenden Kriterien:

- Das Thema des Beitrags passt nicht zu dem des Blogs/der Website.
- Der Beitrag enthält verhältnismäßig viele Keywords (Keywordstuffing).
- Der Text ist ein reiner Verkaufstext ohne Mehrwert für den Leser.

Diese Faktoren gilt es zu vermeiden. Das bedeutet für Sie: Hochwertige Blogbeiträge schreiben, die durch Ihr eingebettetes YouTube-Video an Wert gewinnen. Diese Beiträge können Sie dann bei themenrelevanten Blogs anbieten.

Doch das ist leichter gesagt als getan. Um Ihnen die Vorgehensweise besser zu erläutern, soll ein Praxisbeispiel das Ganze veranschaulichen. Ein metallverarbeitender Betrieb und Hersteller von Stanzmaschinen hat nach den Vorgaben dieses Buchs einen YouTube-Kanal eingerichtet, interessante Videos zum Thema Stanzen produziert und optimiert auf YouTube hochgeladen. Ein in der Branche anerkannter Blog handelt von der Druckindustrie und beleuchtet die Möglichkeiten der Weiterverarbeitung. Das Unternehmen tritt per E-Mail oder telefonisch an den Blogbetreiber heran und fragt nach der Möglichkeit eines Gastbeitrags. Entweder der Blogger lehnt grundsätzlich Gastbeiträge ab, er möchte dafür Geld haben oder ist dankbar, dass Sie ihm einen individuellen Beitrag zur Verfügung stellen, der seinen Blog inhaltlich stärkt. Natürlich verfolgen Sie ausschließlich den letzten Ansatz – denn wenn wir schon beim YouTube-Marketing die Kosten gering halten, dann erst recht bei den begleitenden Maßnahmen!

***Abb. 7.11:*** Verschiedene Blogs bieten Gastautoren die Möglichkeit, ihre interessanten Themen vorzustellen

---

## Tipp

Passende Blogs finden – so einfach geht's:

‣ *http://www.google.de/blogsearch*

Suchen Sie hier nach dem Begriff »Gastbeitrag« in Kombination mit dem Thema oder den relevanten Suchbegriffen. So lassen sich Gastbeiträge finden, die ebenfalls von Gastautoren in wichtigen Blogs veröffentlicht wurden.

‣ *http://www.bloggerjobs.de/*

Auf dieser Website können Sie kostenlose Anzeigen erstellen, um Ihre Themen für Blogs anzubieten. In der Rubrik »Gastautor« können Sie zudem aktiv nach Gesuchen und Geboten in Ihrem Themenbereich stöbern.

---

# 7.6    Zusammenfassung

Mit dem Upload und der Optimierung Ihres Onlinevideos auf YouTube sind Sie noch nicht entlassen. Auch nach der eigentlichen Arbeit auf dem Videoportal müssen Sie aktiv am Ball bleiben, um den Bekanntheitsgrad Ihres Unternehmenskanals und Ihrer Bewegtbildinhalte zu steigern. Was in der Suchmaschinenoptimierung als OffPage-Maßnahmen bezeichnet werden, sind 1:1 auf das Videomarketing mit YouTube anzuwenden.

Der Hinweis auf hochwertige Videoproduktionen zur Vervollständigung Ihrer Texte der Firmenwebsite ist der erste Schritt. Durch das Einbetten der Onlinevideos wird nicht nur ein thematischer Mehrwert in Form von Bewegtbildern geliefert. Auch die Interaktion, Ihre Produkte und Dienstleistungen real zu sehen, wirkt vertrauensbindend. Das Gute an den eingebundenen Videos: Der Nutzer kann sie anschauen, ohne dass er die Website verlassen muss. Zusätzlich sollte auf der eigenen Website definitiv ein Textlink oder eine Grafik auf den YouTube-Kanal hinweisen – dies an so prominenter Stelle wie möglich. Hierzu eignet sich in erster Linie der Kopfbereich der Website (Header), aber auch eine Integration im Fußbereich (Footer) ist möglich.

Der Großteil der Kommunikation mit Ihren Kunden läuft ohnehin über den E-Mail-Verkehr ab. Bei der Vielzahl an eingehenden und ausgehenden Nachrichten sollten Sie unbedingt Ihren YouTube-Kanal und dessen Inhalte aufnehmen. Dies beginnt zunächst damit, dass Sie in der E-Mail-Signatur auf Ihren YouTube-Channel verweisen – entweder als Textlink oder als verlinkte Grafik. Falls Sie außerdem Newsletter an Ihre Kunden verschicken, bietet Ihnen dieses Netzwerk eine zusätzliche Plattform, um neue Videos anzukündigen. Auch eine dauerhafte Erwähnung Ihres YouTube-Kanals im unteren Bereich des Newsletters, ähnlich wie bei der Website im Footer, ist hier eine denkbare Lösung.

Online-PR in Form von Pressemitteilungen geben Ihnen zusätzliche Möglichkeiten, die Linkstruktur Ihrer Videos zu verbessern. Da Sie in onlinebasierten Pressenachrichten Links auf Zielseiten angeben können, verteilt sich der direkte Verweis auf Ihre YouTube-Videos beziehungsweise den Unternehmens-Kanal in den jeweiligen Presseportalen. In regelmäßigen, aber nicht zu häufigen Abständen sollten Sie das Potenzial der Onlinepresse nutzen.

Zu guter Letzt bieten Gastbeiträge eine gute Gelegenheit, die Videos in einen passenden thematischen Kontext einzureihen. Bieten Sie Blogs oder anderen Website Ihre kreative Schreibe und Ihre Expertise zu einem bestimmten Wissensgebiet an und werten Sie Ihren Inhalt mit echter Praxisanwendung in Form von Onlinevideos auf. Der Blog hat den Vorteil, dass er hochwertigen Content bekommt, Sie als Verfasser profitieren von einem neuen Netzwerk.

# 7.7     Drei Fragen an...

Tim Wedler, Gründer und Geschäftsführer der Full-Service Internetagentur NEXUS Netsoft in Langenfeld bei Düsseldorf. Mehr als 300 Kunden aus allen Branchen, überwiegend kleine und mittelständische Unternehmen (KMU) aus NRW, Deutschland und Europa vertrauen dem Service von NEXUS Netsoft. Die vier Geschäftsbereiche sind E-Commerce, Web Development, Creative Services und Online Marketing.

**Welchen Vorteil hat es, wenn YouTube-Videos auf der eigenen Website eingebunden werden?**

Da wären zunächst einmal die technischen Vorzüge. YouTube liefert seine Videos für fast alle Plattformen in einem tauglichen Format aus. Außerdem spart man sich den Webspace und den Traffic, der zum einen den Server ganz schön belasten und zum anderen zu einer ganz schön kostspieligen Angelegenheit werden kann. Manche sprechen hier zwar von einem Luxusproblem, aber die haben am Ende auch nichts zu verschenken.

Neben den technischen Vorteilen gibt es dann noch die positiven Marketingeffekte. Eine Veröffentlichung auf YouTube bietet die Möglichkeit einer Verbreitung auch außerhalb der eigenen Website und der eigenen Marketingaktivitäten. Ist das Video interessant und gut verschlagwortet, werden User direkt über YouTube oder auch über Google fündig. Dieser Effekt kann zu deutlich größerer Popularität führen, als die eigenen Maßnahmen es könnten.

Zusätzlich kann man über das Statistiktool von YouTube und das Userverhalten eine ganze Menge über die Akzeptanz des Videos und mögliche Optimierungen erfahren. Produziert man regelmäßig Videos, kann man diese immer besser auf die Zielgruppe ausrichten.

**Wie kommuniziere ich neue Inhalte im YouTube Channel an Geschäftspartner?**

Neben der Frage nach dem »perfekten« YouTube-Video ist das die entscheidende Frage. Hier gibt es verschiedene Möglichkeiten. Im B2C-Segment kann man das Betrachten eines Videos inzentivieren. Ein Preisrätsel, in dem eine kleine Information aus dem Video abgefragt wird, wäre so eine Inzentivierung. In diese Richtung gibt es sicher einige Spielarten, die funktionieren. Wenn das nicht gewünscht oder möglich ist, kann man zum

Beispiel die Veröffentlichung von bestimmten Informationen exklusiv auf diesen Kanal verlegen. So könnte der neue Werbespot oder das neue Smartphone exklusiv an einem Premierentag auf YouTube zu sehen sein. Dieser Weg setzt allerdings eine recht hohe Grundaufmerksamkeit und ein paar begleitende Maßnahmen voraus.

Im B2B ist es naturgemäß etwas problematischer. Je nachdem, was Sie in dem Video zum Ausdruck bringen und wen Sie erreichen möchten, können Sie natürlich auch inzentivieren.

Exklusivität funktioniert hier ebenfalls sehr gut. Tutorials oder vertiefende Produktinformationen lassen sich sehr gut in einem Videokanal abbilden, um die Geschäftspartner daran gewöhnen. Die Existenz dieses Kanals muss dann allerdings entweder gezielt per Brief oder Mail oder an entsprechenden Stellen auf der Internetpräsenz oder in Printmedien kommuniziert werden. Die Kommunikation sollte aber immer auch den konkreten Nutzen für den Geschäftspartner mittragen.

**Was ist Ihr Geheimtipp, wie man den Bekanntheitsgrad der Videos außerhalb von YouTube steigern kann?**

Mit den Geheimtipps im Onlinemarketing ist das leider so eine Sache. Den Stein der Weisen habe ich leider noch nicht gefunden und ich kenne auch niemanden, der das mit Fug und Recht von sich behaupten könnte. Ich denke, die beste Vorgehensweise besteht darin, Ziel und Zielgruppe der Videos genau zu betrachten und Strategien zu entwickeln, die genau darauf ausgerichtet sind. Dabei hat sich Geduld ausgezahlt und eine Vorgehensweise, die mittel- bis langfristig ausgerichtet ist. Denn nur so kann man Erfolgreiches weiterveredeln und Erfolgloses künftig weglassen.

Das ist zwar kein Geheimtipp, aber zumindest ein sehr hilfreicher Ansatz. Sollte ich den Geheimtipp jemals finden, lade ich Sie zu mir auf einen Cocktail auf den Bahamas ein ;).

# 7.8 Checkliste

So langsam setzen Sie zum Endspurt an. Wie immer die Checkliste für das aktuelle Kapitel; wenn Sie alle Aussagen abhaken können, dürfen Sie einen Schritt weiter gehen.

- ❑ **Auffällig**: Auf meiner Internetseite habe ich einen prominent platzierten Verweis auf den Unternehmenskanal bei YouTube.
- ❑ **Website**: Zu themenrelevanten Texten auf der Zielseite habe ich ein YouTube-Video eingebettet.
- ❑ **Social**: In Google+, Facebook oder anderen sozialen Netzwerken poste ich regelmäßig meine neuen Videos.
- ❑ **E-Mail**: In meiner E-Mail-Signatur habe ich einen Verweis auf den Unternehmens-Channel bei YouTube eingerichtet.
- ❑ **Newsletter**: Auch beim E-Mail-Marketing (falls Sie Newsletter versenden) verweise ich auf YouTube.
- ❑ **Öffentlichkeit**: Im Rahmen der Online-PR nutze ich jede Möglichkeit, um auf die YouTube-Aktivitäten meines Unternehmens aufmerksam zu machen.
- ❑ **Informativ**: Falls ich Gastbeiträge verfasse, versuche ich meine Onlinevideos auf YouTube zu integrieren.

# Kapitel 8

# Erfolg messen und analysieren

An dieser Stelle dürfen Sie sich auf die Schulter klopfen. Sie haben das Thema »Videomarketing auf YouTube« von seinen Grundprinzipien an mitverfolgt und die einzelnen Disziplinen durchgearbeitet. Angefangen bei der Planung über die Produktion eigener Videoinhalte bis hin zur Optimierung und Verbreitung Ihrer Inhalte – alles mit dem Ziel, die Reichweite und den Bekanntheitsgrad Ihrer Onlinevideos zu steigern. Doch hat es tatsächlich etwas gebracht? Wie viele Zuschauer haben auf Ihr hochgeladenes Video geklickt? Was ist das Durchschnittsalter Ihrer Zielgruppe? Dies sind wichtige Fragen, die es zu beantworten gilt!

Wie jede Online-Marketingmaßnahme ist es wichtig, ein kontinuierliches Controlling der durchgeführten Aktionen zu betreiben. Denn ohne die regelmäßige Kontrolle können Sie nicht den Wirkungsgrad feststellen und daraus eventuelle Optimierungen ableiten. Videomarketing ohne Controlling-Tool – das funktioniert nicht!

Das weiß auch YouTube und aus diesem Grund hat das Videoportal und Social-Media-Netzwerk ein internes Controlling-Tool entwickelt, mit dem Sie alle wichtigen Statistiken und Fakten zu Ihrem Unternehmenskanal auslesen können. Und das sollten Sie auch nutzen. Sicherlich ist es für Kreativköpfe relativ unsexy, sich durch Zahlen und Prozentangaben zu wurschteln. Doch es lohnt sich, denn anhand dieser Werte können Sie Ihren Erfolg messbar machen!

# 8.1    Einführung in YouTube Analytics

Das oben genannte Analyse-Tool auf YouTube nennt sich YouTube Analytics und orientiert sich dabei am Suchmaschinenriesen Google. Auch bei Websites haben Sie die Möglichkeit, Besucherstatistiken anhand von Google Analytics auszuwerten und Gleiches setzt YouTube für das Videoportal um.

Ziel von YouTube Analytics ist es, regelmäßig die Leistung Ihres Kanals zu überprüfen, auszuwerten und daraus Verbesserungen für Ihre Onlinevideos abzuleiten. Die Frage, was YouTube von diesem Service hat, ist relativ simpel beantwortet: Je qualitativ hochwertiger die Inhalte auf YouTube sind, desto mehr User schauen sich die Beiträge an oder laden selbst welche hoch. Dies hat zur Folge, dass mehr potenzielle Werbekunden für YouTube bereitstehen:

Analyse der Videos → Verbesserung der Videos

Bessere Videos → mehr Zuschauer

Mehr Zuschauer → größeres Werbepublikum für YouTube

YouTube Analytics bietet Ihnen bedeutende Informationen und Statistiken zu Ihrem Kanal. So ist es beispielsweise möglich festzustellen, welches Ihrer hochgeladenen Videos am beliebtesten ist und aus welchem Land die Zuschauer kamen. Für ein Unternehmen, das seinen wirtschaftlichen Fokus bisher auf Europa gelegt hatte, ist es eine wichtige Information für das weitere Vorgehen, wenn mehr als 50 Prozent aller Zuschauer beispielsweise aus den Vereinigten Staaten von Amerika kommen.

Wenn Sie auf Ihren Video-Manager klicken, haben Sie den Überblick über alle hochgeladenen Videos auf YouTube. Neben jedem Inhalt sehen Sie eine Miniaturstatistik. Wenn Sie nun mit der Maus darüber fahren, sehen Sie das Fenster mit der Aufforderung »Statistik ansehen«. So erhalten Sie Einblick in die Statistiken des Videos.

*Abb. 8.1:* So gelangen Sie zu YouTube Analytics Ihres Videos.

Alternativ dazu finden Sie in der linken Navigationsleiste einen eigenen Punkt zu YouTube Analytics. Der Unterschied liegt hierbei auf dem Blickwinkel. Während die oben genannte Methode die Statistiken eines Einzelvideos aufruft, bietet Ihnen der Klick in die linke Navigationsleiste die Daten Ihres gesamten Unternehmenskanals (siehe Abbildung 8.2):

***Abb. 8.2:*** YouTube Analytics zu Ihrem Channel

Bei den meisten Berichten in YouTube Analytics können Sie die Daten nach Inhalt, Region oder Datum filtern. Zudem ist es möglich, mehrere Werte miteinander zu vergleichen und in Form von Liniendiagrammen darzustellen. Das gibt Ihnen eine solide Grundlage, um die Verbesserungen Ihrer Videomarketingmaßnahmen zu bewerten.

Aufgeteilt ist YouTube Analytics in zwei grundlegende Bereiche. Zum einen bekommen Sie fundierte Informationen zu den Aufrufen (YouTube als Videoportal), zum anderen erhalten Sie Fakten zu den Interaktionen auf Ihrem Kanal (YouTube als soziales Netzwerk). Es ist wichtig, sich beide Seiten der Analyse anzuschauen, denn wie Sie in den obigen Kapiteln gelernt haben, ist YouTube eben ein soziales Videonetzwerk. Im Folgenden werden die einzelnen Bereiche näher beleuchtet.

# 8.2 Berichte zu Aufrufen

Als erste Auswahlfunktion stehen Ihnen die Berichte zu Aufrufen zur Verfügung. Diese beinhalten alle Statistiken, die YouTube als Videoportal betreffen, das heißt Anzahl der Klicks auf das Video, das durchschnittliche Alter Ihrer Zuschauergruppe sowie die Angabe, über welches Endgerät (PC oder Smartphone) das Video angeschaut wurde. Sie können diese Daten in der linken Navigation einfach durch Klick auf den jeweiligen Reiter auswählen (siehe Abbildung 8.3).

- **KANALEINSTELLUNGEN**

- **ANALYTICS**

   Übersicht

   Berichte zu Aufrufen

      Aufrufe

      Demografie

      Wiedergabeorte

      Zugriffsquellen

      Geräte

      Zuschauerbindung

*Abb. 8.3:* Die verschiedenen Statistiken unter »Berichte zu Aufrufen«

Ich habe Fragen den jeweiligen Bereichen zugeordnet, da sie genau zu diesen Fragewörtern die entsprechenden Antworten geben.

## 8.2.1    Wie viele? – Quantität

Der erste Reiter in diesem Unterpunkt gibt Ihnen Auskunft über die Aufrufe, also wie oft Ihr Video oder Ihr Unternehmenskanal angeklickt wurde. Dies betrifft nicht nur YouTube selbst, sondern auch das Abspielen der Videos beispielsweise auf Ihrer Website, wenn Sie es wie in Kapitel 7 gezeigt auf einer entsprechenden Landingpage eingebaut haben.

---

### Vorsicht

YouTube Analytics zählt nicht die Aufrufe, wenn Sie die Autoplay-Funktion, also das automatische Abspielen der Videos eingestellt haben.

---

YouTube räumt im Zusammenhang mit den Aufrufen jedoch ein, dass die Anzahl der Aufrufe bei öffentlich verfügbaren Videos bei 301+ stagnieren, jedoch in YouTube Analytics durchaus höhere Werte anzeigen kann.

In welchen Ländern werden Ihre Inhalte besonders häufig angesehen? Ein Klick auf die Karte verrät Ihnen, aus welchen Ländern die Zuschauer Ihrer Videos sind. Sehr hilfreich ist dies bei der Erschließung neuer Märkte. So sollte ein Unternehmen spätestens dann seine Title, Description und Tags zu seinen Videos auf Englisch angeben, wenn sich herausstellt, dass ein Großteil seiner Zuschauer aus einem englischsprachigen Land kommt. Denn nur so werden die Inhalte noch besser gefunden und beantworten die Fragen der bisher unwissenden Zuschauergruppe. Ebenso empfehlenswert ist es, Textpassagen zu transkribieren und Untertitel in der jeweiligen Sprache hinzuzufügen.

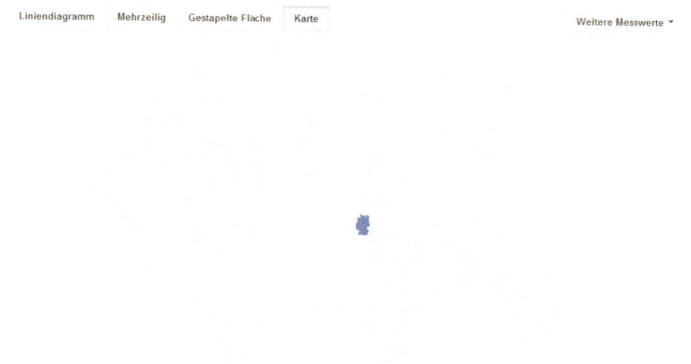

*Abb. 8.4:* Mein Testvideo wurde nur in Deutschland angesehen – von mir!

Diese Kennzahlen sind ein wichtiger Bewertungsfaktor für YouTube, um das Video oben oder weiter unten in den Suchergebnisseiten anzuzeigen, jedoch nicht der einzige. Ein mindestens ebenso bedeutender Wert ist die durchschnittliche Zuschauerzeit, das heißt, wie lange Ihr Video überhaupt angesehen wird. Wie bereits beschrieben sind die ersten Sekunden ausschlaggebend dafür, ob ein User sich für die weiteren Sendeminuten interessiert. Sehen Sie beispielsweise in YouTube Analytics, dass die geschätzte Schauzeit nur vier Sekunden beträgt, können Sie daraus ableiten, dass Sie dringend den Beginn Ihrer produzierten Onlinevideos überarbeiten sollten. So kann es beispielsweise sein, dass ein zu langes Intro dazu führt, dass sich die Zuschauer langweilen und abbrechen.

## 8.2.2 Wie alt? – Demografie

Eine ebenfalls wichtige Kennzahl bei der Auswertung Ihrer Videos ist das durchschnittliche Alter der Zuschauer sowie deren Geschlecht. YouTube ermittelt diese Daten anhand der Angaben bei der Registrierung für ein Google-Konto.

Häufig haben Unternehmen nur eine Ahnung, ob die Käufergruppe ein circa 45 Jahre alter Mann ist oder eher eine 23 Jahre junge Frau. Zwar geben Statistiken und Prognosen aus den Marketing- und Vertriebsabteilungen hier Hintergründe, sie sind jedoch nicht 1:1 auf das Videomarketing anzuwenden. So kann es sein, dass ein Versandhandel für Autoersatzteile verstärkt mit einem männlichen Publikum rechnet, aber bei YouTube sich eher Frauen die Videos ansehen.

Die demografischen Daten helfen Ihnen dabei, die Inhalte der Videos besser abzustimmen. Als Kulturwissenschaftler wehre ich mich ein wenig gegen die Aussagen, dass auch das Kanaldesign oder die Thumbnails an genderspezifische Aspekte angepasst werden sollten. Sollten Sie mehr Blau für die Männer wählen und das Rot den Frauen überlassen? Einen Versuch ist es wert – genau dafür ist YouTube Analytics ja da.

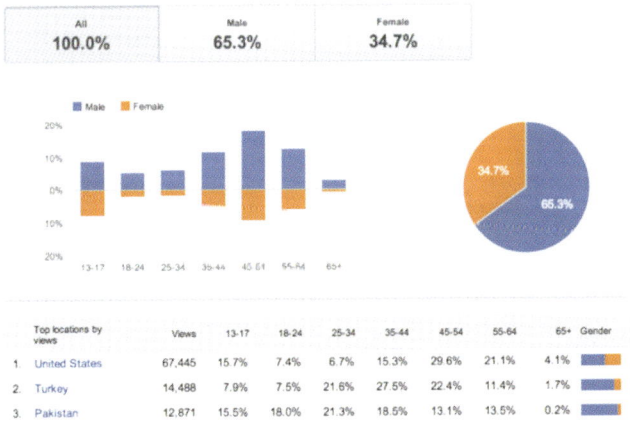

***Abb. 8.5:*** Demografische Kennzahlen bei YouTube Analytics

## 8.2.3    Wo? – Wiedergabeort

Unter dem Begriff »Wiedergabeort« sammelt YouTube Analytics alle Daten, von wo aus im Internet auf Ihre Inhalte zugegriffen wird. Dabei unterscheidet YouTube seit September dieses Jahres nicht mehr, ob es sich dabei um einen PC oder ein mobiles Endgerät handelt. Differenziert wird dabei nicht, um welches Medium es sich handelt, sondern welche Quelle auf Ihre YouTube-Inhalte führte. Folgende Informationen können Sie aus diesem Bericht lesen:

| Quelle | Erklärung |
|---|---|
| YouTube-Wiedergabeseite | Das Video wird über die jeweilige, exakte Videoseite wiedergegeben, zum Beispiel nach Eingabe eines Suchbegriffs in der YouTube-Suche und anschließendem Klick auf Ihr Video. |
| YouTube-Kanalseite | Der User klickt direkt auf Ihren Unternehmenskanal. |
| Auf anderen Websites eingebetteter Player | Der Zuschauer sieht Ihr Video, das auf einer anderen Website eingebettet ist. Durch Klick auf den entsprechenden Link erfahren Sie, wie viele User von der jeweiligen Quelle stammen. |
| Externe Apps | Die Aufrufe erfolgen über verschiedene Android-Apps, in denen der YouTube-Player integriert ist. |

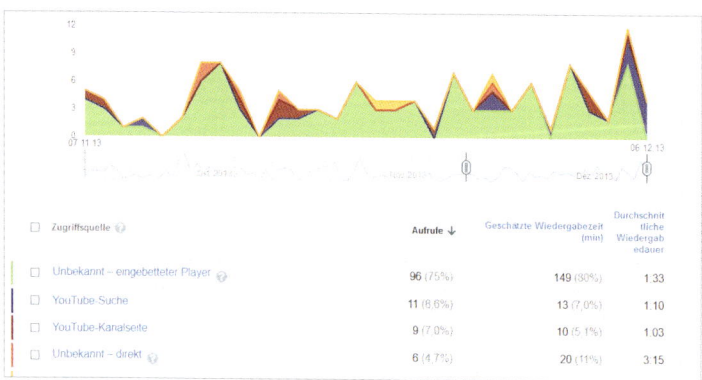

**Abb. 8.6:** Zum Vergleich können die verschiedenen Wiedergabeorte auch grafisch übereinander gelegt werden.

---

## Tipp

Wird Ihr Video ausschließlich über einen Wiedergabeort aufgerufen, zum Beispiel die Videoseite selbst, sollten Sie unbedingt daran arbeiten, Ihre Videos beziehungsweise Ihren Unternehmenskanal bekannter zu machen. Ein ausgewogenes Verhältnis aller Internetpräsenzen ist äußerst positiv.

---

### 8.2.4 Wovon? – Endgeräte

Ebenfalls interessant für die Auswertung Ihres Videomarketings sind die Daten zu den Endgeräten, auf denen Ihre Onlinevideos wiedergegeben werden. In Zeiten, in denen mobile Endgeräte wie iPads, Smartphones oder andere Tablets fast in jeden Haushalt gehören, steigt deren Anteil beim Abspielen von YouTube Videos kontinuierlich an. Ihre Inhalte sollten entsprechend auch auf kleineren Displays zu erkennen sein. Verzeichnen Ihre Videos viele Abrufe von mobilen Endgeräten und sind dort erhöhte Absprungraten zu erkennen, sollten Sie die Videos dahingehend überprüfen, ob alle Details in den Videos auch auf einem kleinen Bildschirm abrufbar sind. In YouTube Analytics werden die Gerätetypen wie folgt ausgegeben:

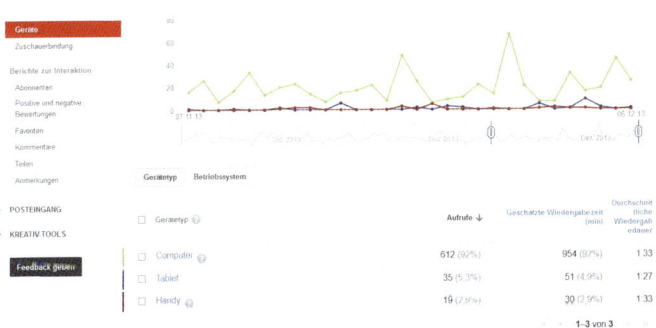

*Abb. 8.7:* Videoaufrufe über Computer, Tablet oder Handy

### 8.2.5 Wie gut? – Zuschauerbindung

Als letzten Punkt unter diesem Analytics-Bereich erhalten Sie Zahlen und Fakten zu der sogenannten Zuschauerbindung. Anhand dieser Werte können Sie ableiten, wodurch Sie die Zuschauer Ihrer Videoinhalte gewinnen oder verlieren. Die Zuschauerbindung ist ein nicht unbedeutender Faktor für gute Ergebnisse in den Suchergebnissen. YouTube selbst schreibt auf einer seiner Hilfeseiten:[27]

*Videos mit einer geringeren Zuschauerbindung werden wesentlich seltener in den Suchergebnissen und bei den vorgeschlagenen Videos in YouTube angezeigt.*

Das bedeutet: Wird ein Video zwar häufig angeklickt, aber nicht bis zum Ende angesehen, wird sich dies nicht positiv auf die Platzierung in den Suchergebnissen auswirken. Die Grafiken geben an, wie die Zuschauer mit Ihren Inhalten interagieren. Aufgeteilt ist das Ganze in zwei Bereiche der Zuschauerbindung:

‣ **Absolut**: Welche Abschnitte des Videos werden angesehen und wo wird die Wiedergabe abgebrochen?

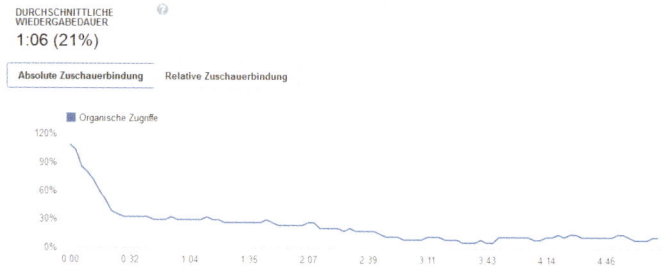

***Abb. 8.8:*** Der Graph der absoluten Zuschauerbindung eines Videos

‣ **Relativ**: Wie ist das Wiedergabeverhalten im Vergleich zu anderen Videos ähnlicher Länge?

---

## Tipp

Fällt die absolute Zuschauerbindung innerhalb der ersten zehn Sekunden stark ab, sollten Sie das Thema des Videos klarer kommunizieren. Ein aussagekräftiges Thumbnail sowie ein treffender Titel vermitteln eindeutig die Thematik Ihres Videos – sodass die Absprungrate gesenkt werden kann.

---

27. http://www.youtube.com/yt/playbook/de/yt-analytics.html

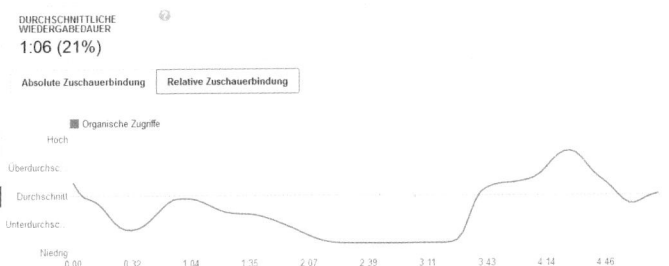

*Abb. 8.9:* Der Graph der relativen Zuschauerbindung eines Videos

# 8.3 Berichte zur Interaktion

Neben den reinen Besucherfakten ist die soziale Komponente YouTubes immer wieder zu betonen. Soziale Signale in Form von Bewertungen, Kanalabonnements und Weiterempfehlungen (Teilen) sind enorm wichtig. Diese sozialen Interaktionen lassen sich ebenfalls mit YouTube Analytics nachverfolgen. Abbildung 8.10 zeigt die Möglichkeiten in diesem Bereich:

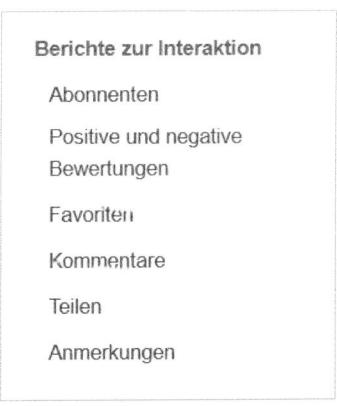

*Abb. 8.10:* Berichte zur Interaktion

Auch hier lassen sich den einzelnen Bereichen Fragen zuordnen, die YouTube Analytics Ihnen zu beantworten versucht.

## 8.3.1    Wer? – Abonnenten

Die Anzahl von Abonnenten überprüfen Sie über den ersten Navigationspunkt. User, die sich besonders für Ihre Inhalte interessieren, haben die Möglichkeit, Ihren Kanal zu abonnieren und ein langfristiges Ziel Ihrer Videoaktivitäten sollte es sein, diese Zahl zu steigern. Im Abonnentenbericht erhalten Sie Daten zu Inhalten und Standorten. Das Liniendiagramm gibt Ihnen einen Überblick, wie das Verhältnis zwischen gewonnenen und verlorenen Abonnements ist:

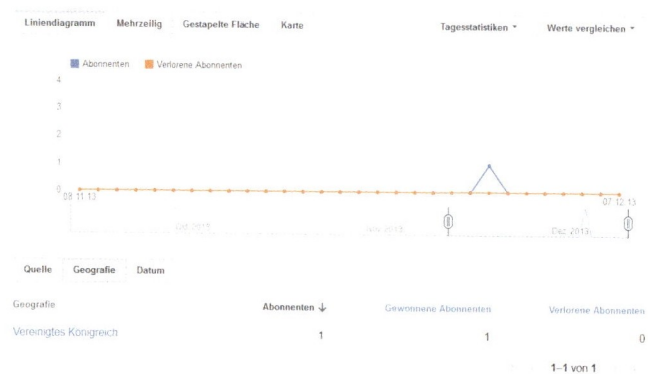

***Abb. 8.11:*** Verfolgen Sie die Zahl der Abonnements

---

**Tipp**

Wie in Kapitel 6 ausgearbeitet, sollten Sie jede Möglichkeit nutzen, den User zum Abonnieren Ihres YouTube-Channels zu motivieren! Eine Gruppe von langfristigen »Fans« Ihrer Inhalte steigert die Wahrscheinlichkeit, dass sich Ihre Videos auch in einem größeren Netzwerk verbreiten.

---

## 8.3.2    Wie? – Bewertungen

Neben den Abonnements Ihres Kanals ist es ebenfalls wichtig, dass Ihre einzelnen Videos Bewertungen bekommen. Sowohl positive als auch negative Reaktionen werden bei YouTube Analytics zusammengefasst. Dabei werden nicht nur die aktuellen Zahlen berücksichtigt, sondern auch die Anzahl von entfernten positiven und negativen Bewertungen.

Durch die zeitliche Nachverfolgung können Sie sehen, wann Ihre Videos eine Bewertung erhalten haben. Zudem haben Sie im unteren Bereich eine Auflistung aller Videos, aufgeschlüsselt nach der Anzahl von sozialen Bewertungen. In Abbildung 8.12 habe ich die Vergleichsfunktion von YouTube Analytics verwendet. Der Graph zeigt die Anzahl der Bewertungen im Vergleich zu der Anzahl der Klicks auf das Video:

*Abb. 8.12:* Positive Bewertungen und Aufrufe im Vergleich

---

### Tipp

Nutzen Sie diese Daten, um herauszufinden, welche Themen besonders viele Bewertungen erhalten haben. Dies gibt Ihnen eine gute Basis für weitere Videos und ein bisschen Sicherheit, dass Sie auch bei den neuen Inhalten bewertet werden.

---

## 8.3.3    Was? – Kommentare

Dass User ihre Meinung oder Verbesserungsvorschläge zu einem Video als Kommentar hinterlassen, ist wünschenswert. Auch diese soziale Komponente lässt sich über YouTube Analytics nachverfolgen. Eine Zusammenfassung darüber, wie viele Nutzer Ihr Video kommentiert haben, finden Sie hier.

Zunächst erhalten Sie ein Liniendiagramm, das eine Gesamtübersicht der abgegebenen Kommentare darstellt. Mit Klick auf den jeweiligen Videotitel im unteren Bereich dieser Analytics-Einstellung gelangen Sie auf die speziellen Statistiken zum Video. Nachverfolgen lässt sich so, wie erfolgreich ein Video im Netz ist und ob die Strategie zum Kommentieren der Videos noch stärker angegangen werden muss.

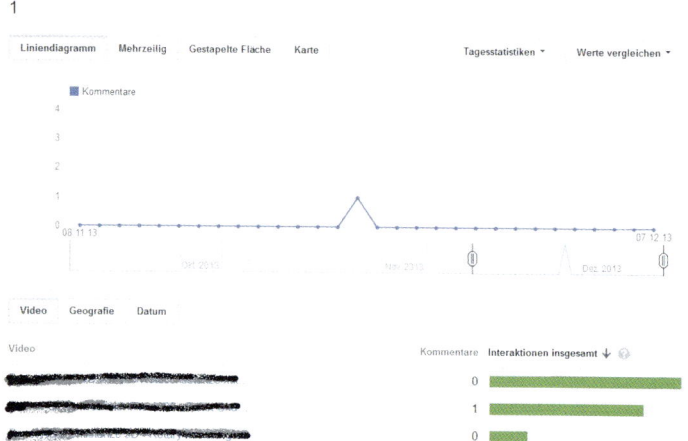

***Abb. 8.13:*** Kommentare überprüfen – YouTube Analytics macht es möglich

---

## Tipp

Wie auch beim Abonnieren des Kanals sollten Sie die Zuschauer Ihrer Videos immer zum Kommentieren auffordern. Soziale Interaktion ist sehr wichtig! Reagieren Sie zusätzlich auf Kommentare, die Sie bekommen, um Diskussionen am Laufen zu halten.

---

## 8.3.4  Wo? – Teilen

Wie oft wird in Ihren Videos die Funktion »Teilen« geklickt und somit Ihre Video-URL auf anderen sozialen Netzwerken verbreitet? In der gleichnamigen Unterkategorie zu YouTube Analytics erhalten Sie die Antworten auf diese Frage. Wie auch bei den Kommentaren bekommen Sie zunächst eine Übersicht über alle geteilten Inhalte. Zudem erhalten Sie durch einen Klick auf das jeweilige Video eine detaillierte Übersicht an Netzwerken, die von Nutzern verwendet werden, um die Videos freizugeben.

> ## Tipp
>
> Falls ein Video beispielsweise oft bei Facebook geteilt wurde, sollte Ihr Unternehmen auch in diesem sozialen Netzwerk aktiv sein – da es Ihre Zielgruppe ja offensichtlich auch ist.

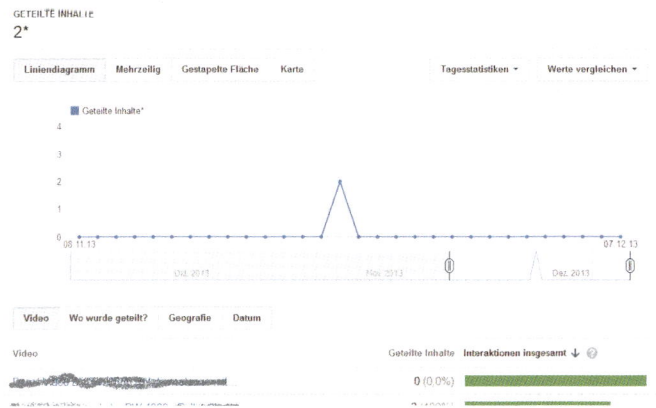

***Abb. 8.14:*** Wo wurden Ihre Videos geteilt?

## 8.3.5 Was? – Anmerkungen

Auch die Effektivität Ihrer Anmerkungen, also die kleinen Text- oder Linkblöcke im Video selbst, lässt sich nachvollziehen. Die Klick- und die Abschlussrate für Anmerkungen finden Sie unter dem Reiter »Anmerkungen«, ebenso wie folgende Werte:

| Wert | Erklärung |
|---|---|
| Impressionen | Angezeigte Anmerkung |
| Anklickbare Impressionen | Anmerkung mit Link |
| Schließbare Impressionen | Anmerkungen, die wegzuklicken sind |
| Schließungen | Wie oft wurde die Anmerkung geschlossen? |
| Klickrate | Wie oft wurde der Link angeklickt? |

---

### Wichtig

Falls Sie bereits vor längerer Zeit Videos bei YouTube hochgeladen haben und nun die Daten zu den Anmerkungen abrufen wollen, gibt es Folgendes zu beachten: Daten zu Impressionen und Klickraten stehen erst seit 17. Juli 2013 zur Verfügung.

---

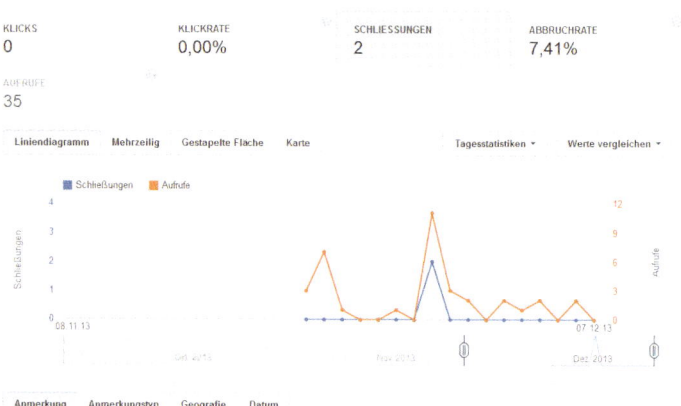

**Abb. 8.15:** Aufrufe und Schließungen von Anmerkungen im Vergleich

---

### Tipp

Aufpoppende Anmerkungen werden von manchen Usern als störend empfunden. Falls die Anzahl der Schließungen sehr hoch ist, sollten Sie eventuell auf die Anmerkungen verzichten beziehungsweise diese sparsamer einsetzen.

---

# 8.4 Zusammenfassung

Videomarketing ohne Controlling – undenkbar! Nur durch die regelmäßige Analyse Ihrer Maßnahmen lassen sich Prozesse optimieren und so nach und nach das volle Potenzial Ihrer Videos ausschöpfen. Und da YouTube ebenfalls möchte, dass sich die Qualität der hochgeladenen Videos verbessert, gibt es Ihnen ein leistungsstarkes Tool an die Hand, das Sie zur Optimierung Ihrer Strategie verwenden sollten.

Zunächst sind die Klickzahlen ein wichtiger Wert, den Sie beobachten sollten. Vergleichen Sie dabei die Anzahl der Views mit Ihren anderen Videos
und versuchen Sie herauszufinden, weshalb es Abweichungen gibt. Muss
bei einem Video vielleicht die Description nachgezogen werden oder feh-
len bei einem anderen Video die Schlagwörter im Videotitel? Nutzen Sie
die Statistiken zu den Aufrufen, um eventuelle Schwachstellen Ihres
Videos auszumachen und zu beseitigen.

Auch die Demografieübersicht ist äußerst aussagekräftig und kann rich-
tungsweisend für Ihre zukünftigen Videos sein. Stellen Sie beispielsweise
fest, dass Ihr Publikum zwischen 20 und 25 Jahren ist, sollten Sie eventuell
auf unterhaltsamere Inhalte setzen. Auch das Geschlecht der YouTube-
User ist ein wichtiges Qualitätsmerkmal, das nicht außer Acht gelassen
werden sollte.

Die Zahlen zu den Wiedergabeorten sowie den Zugriffsquellen sind ebenfalls ausführlich zu studieren. Bemerken Sie, dass Ihre Videos hauptsächlich über die YouTube Suche angeschaut werden, aber kaum über Ihren
eigenen Unternehmenskanal, sollten die Optimierungen hierauf fokussiert
werden, sodass Sie mehr Abonnenten für Ihren Channel suchen. Das Verhältnis aller Werte sollte falls möglich relativ ausgeglichen sein, was aber
nicht immer erreichbar ist.

Am interessantesten ist meiner Ansicht nach der Bericht zu den Geräten,
auf denen Ihre Videos abgerufen werden. In der Vergangenheit wurden
die YouTube-Inhalte hauptsächlich über PCs abgespielt, doch insbesondere in den vergangenen fünf Jahren ist die Anzahl von Tablets oder Smartphones rapide nach oben gegangen. Videos, die heutzutage zur Verfügung gestellt werden, müssen deshalb unbedingt auch auf kleineren
Displays gut erkennbar sein.

Auch zur sozialen Komponente von YouTube erhalten Sie in Analytics
umfangreiche Ergebnisse. Wichtig hierbei ist es, langfristig Abonnenten
Ihres Kanals und seiner Inhalte zu binden. Der Abonnentenbericht gibt
Ihnen einen guten Überblick, ob neue User sich dafür angemeldet haben
oder ob gar welche abgesprungen sind. Vielleicht hat dies unmittelbar mit
dem Upload eines Videos zu tun? Falls ja, sollten Sie daraus Rückschlüsse
ziehen und Ihre künftigen Videoaktionen dahingehend überarbeiten.

Kommentare und Bewertungen sind ein weiteres wichtiges Indiz für gute beziehungsweise schlechte Inhalte. Nehmen Sie sich Ihrer User an und Kritik ernst. Nur so lassen sich die Videos der nächsten Generation verbessern. Auch wenn Sie negative Äußerungen befürchten: Motivieren Sie die User, Bewertungen und Kommentare abzugeben.

Nicht zu vernachlässigen ist die Überprüfung, ob Ihre Videos geteilt werden und somit einen sozialen (am besten noch viralen) Charakter haben. Es ist nicht gesagt, dass nur unterhaltsame Videos verbreitet werden. Auch informative Videos oder Tutorials kommen gut an und werden dann an Freunde, Bekannte oder Kollegen weiterempfohlen.

---

### Tipp

Finaler Tipp bei allen einzelnen Reports von YouTube Analytics: Nehmen Sie sich etwas Zeit und probieren Sie verschiedene Einstellungen aus. Durch die Vergleichsoption und die ansprechende Gestaltung als Liniendiagramm lassen sich Zahlen und Fakten sehr nachvollziehbar auswerten. Selbst Zahlenhasser werden hier das ein oder andere »Ahaaaa«-Erlebnis haben.

---

## 8.5 Drei Fragen an…

Markus Vollmert, Gründer und Partner der Digital Marketing Agentur luna-park in Köln. Er beschäftigt sich seit Jahren mit Webanalyse, hält regelmäßig Vorträge und ist als Autor für diverse Medien aktiv. Außerdem ist er Gastgeber des Kölner Webanalyse-Treffs.

**Welche Möglichkeiten ergeben sich durch die genaue Betrachtung bei YouTube Analytics?**

Mit YouTube Analytics können Sie einiges über Ihre Videos in Erfahrung bringen: Für jedes Video können Sie genau sehen, wie lange sich die Besucher das Video angeschaut haben und wo sie ausgestiegen sind. Damit können Sie in Zukunft langweilige Passagen vermeiden.

Weiterhin zeigt Ihnen YouTube, wie die Besucher auf die Videos gekommen sind. Haben sie in YouTube gesucht? Sind die Videos empfohlen worden? Oder waren die Videos auf einer Website eingebunden?

Schließlich erfahren Sie mit YouTube Analytics, mit welchen Geräten Ihre Zuschauer die Videos betrachten, ob im Browser, mit dem Tablet oder dem Smartphone.

**Wie kann mir der Bericht zur Demografie bei der Erstellung von You-Tube-Videos helfen?**

Mit dem Demografiebericht können Sie erkennen, aus welchen Land Ihre Besucher kommen, wie alt sie sind und ob es sich um Männer oder Frauen handelt. Damit können Sie überprüfen, ob Sie tatsächlich die Zuschauer haben, die Sie erwarten. Wenn Sie zum Beispiel ein Video über Damen-schuhe im Kanal haben und die meisten Zuschauer sind männlich, dann sind die Zuschauer vielleicht nicht an den Schuhen interessiert, sondern an dem Model, das sie präsentiert.

**Verlinkungen spielen ebenfalls eine Rolle im Analysetool. Können Sie dies näher erläutern?**

Viele Besucher finden über Links zu Ihren Videos. Ob es ein Suchtreffer in Google ist, eine Video-Empfehlung bei YouTube oder ein Link von einer Website: YouTube Analytics weist die Besucher getrennt nach diesen Quel-len aus. Sie sehen für jede Quelle, wie lange die Besucher die Videos betrachtet haben. Vielleicht haben Sie YouTube-Werbung geschaltet? Dann können Sie in Analytics sehen, ob die Besucher auch tatsächlich das Video angeschaut haben – oder nach wenigen Sekunden wieder gegan-gen sind.

# 8.6    Checkliste

Zum vorerst letzten Mal ist es an der Zeit, Ihr Gelerntes unter Beweis zu stellen. Setzen Sie neben der Aussage einen Haken ins Kästchen, wenn Sie diese mit Ja beantworten können. Falls ein Schnaufen gefolgt von einem Kopfschütteln oder gar einem Nein Ihre Reaktion ist, sollten Sie das Kapitel nochmals gründlich lesen.

❑ **Regelmäßigkeit:** In kontinuierlichen Abständen untersuche ich die YouTube Analytics-Daten.

❑ **Wissen:** Ich habe nun ein genaueres Bild von meiner Zielgruppe und stimme meine Inhalte darauf ab.

❑ **Standorte:** Durch die Überprüfung meiner Zielgruppe weiß ich, ob sich anderssprachige Videos beziehungsweise Title- und Description-Texte lohnen.

❑ **Vergleich:** Ich nutze die Funktion YouTube Analytics, um mehrere Werte miteinander in Verbindung zu setzen.

❑ **Optimierung:** Schlechte Werte für meine YouTube-Videos nutze ich, um daraus optimierende Maßnahmen abzuleiten.

❑ **Wiederkehr:** Ich habe verstanden, dass das Controlling über YouTube Analytics ein fortschreitender Prozess ist. Nach jeder Optimierung sollte ein erneutes Überprüfen der Daten erfolgen.

# Kapitel 9

# Erfolgreiche Videos

Sie haben auf den vorhergehenden Seiten eine gute Mischung aus theoretischen Inhalten zu YouTube und praxisorientierten Anleitungen bekommen – verabreicht in Form dieses Buches. Dass dies jedoch nicht nur leere Versprechungen sind, sondern dass Videomarketing auf YouTube wirklich funktionieren kann, will ich Ihnen anhand ausgesuchter Beispiele demonstrieren. Es handelt sich dabei um Videoproduktionen verschiedenster Branchen – denn in jedem Themengebiet kann gute Unterhaltung, Information oder das gute alte Infotainment ankommen. Vielleicht ist ja auch das ein oder andere Format dabei, das Sie bereits kennen – durch Empfehlungen von Freunden oder bei einem Bummel durch die bunte Vielfalt von YouTube.

# 9.1 How German Sounds Compared To Other Languages

**Länge:** 1:05

**Branche:** Medienagentur

**Veröffentlicht am:** 19.07.2013

**Views:** mehr als 7 Millionen

**Kommentare:** mehr als 13.000

**Positive Bewertungen:** mehr als 69.000

**Negative Bewertungen:** etwa 5.500

**Verbrechen:** Interkulturelle Unterhaltung in fünf Sprachen

**Link:** *http://www.youtube.com/watch?v=-_xUIDRxdmc*

Sprache verbindet – das dachte sich auch die Medienagentur, welche diese amüsanten Videos auf YouTube hochlud. Thema ist die harte Aussprache des Deutschen und im direkten Vergleich mit vier weiteren Sprachen kommt dies natürlich noch besser zur Geltung. In der Hauptrolle fünf junge Menschen, die hierfür in die Stereotypen der Kulturen schlüpfen – auf ganz sympathische Art und Weise. Da ist die Französin mit Baskenmütze, der Engländer im Trenchcoat und Regenschirm, der Italiener mit Schnauzbart und der Mexikaner mit Sombrero. Und wie sollte es anders sein: der Deutsche mit Weißbier und bayrischer Tracht.

How German Sounds Compared To Other Languages

*Abb. 9.1:* Die deutsche Sprache auf die Schippe genommen

Produktionstechnisch befindet sich das Video am Rande des Minimalistischen: ein weißer Hintergrund, ein Tisch sowie die Hauptdarsteller. Mehr braucht der YouTube-Hit nicht, um zu überzeugen. Die Macher reduzieren das Video auf das Wesentliche. Aufgenommen wird frontal, eine Nachbearbeitung erfolgte, um die jeweiligen Nationalflaggen und die ausgesprochenen Begriffe einzublenden.

Trotz wirklich einfacher Mittel kam diese Idee sehr gut an und verbreitete sich viral. Nicht nur die Klickzahlen auf YouTube selbst schossen für dieses Video in die Höhe. Auch Nachrichtenagenturen und Fernsehsender berichteten von der Agentur und dem amüsanten Sprachkurs, der die deutsche Sprache gekonnt auf die Schippe nimmt. Besonderer Clou: Durch die Mehrsprachigkeit erreichen die Macher ein weltweites Publikum.

## 9.2 Wie kann ich Krawatten binden für Anfänger

**Länge:** 1:53

**Branche:** App-Dienstleister

**Veröffentlicht am:** 04.11.2011

**Views:** mehr als 390.000

**Kommentare:** rund 150

**Positive Bewertungen:** mehr als 700

**Negative Bewertungen:** etwa 90

**Verbrechen:** Verzweifelten Männern ein nützliches Tutorial bieten

**Link:** *http://www.youtube.com/watch?v=oqlXrBXjwzI*

Wie kann ich Krawatten binden für Anfänger - Einfacher Windsor: ...

**Abb. 9.2:** Ein informatives Tutorial zum Krawattebinden

Letztlich bin ich bei diesem Video froh, dass ich nicht der einzige Mann bin, der keine Krawatte binden kann. Denn anders lassen sich die hohen Klickzahlen dieses Videos nicht erklären. Es ist ein einfaches Tutorial, wie man einen »einfachen Windsor« bindet und führt den Zuschauer Schritt für Schritt zum perfekten Krawattenknoten. Der Protagonist wird von vorne gefilmt und erklärt in deutscher Sprache, wie Sie nach und nach die Krawatte führen müssen.

Die Aufnahmekosten waren bei diesem Video äußerst gering. Die Kamera ist frontal auf ihn gerichtet, es könnte sogar eine Webcam benutzt worden sein. Auch die Tonaufnahme ist relativ einfach gehalten, doch der

Zuschauer bekommt alles mit. Und genau diese Kombination macht es aus. Durch diesen semiprofessionellen Charakter vermitteln die Macher des Videos, dass Sie einer ihrer Zuschauer sind und es nichts Schlimmes ist, dass man sich ein Tutorial ansehen muss, um eine Krawatte zu binden.

Mit sehr guten Klickzahlen, einer Menge Kommentare sowie guten Bewertungen zeigt das Video, dass YouTube-Marketing nicht mit aufwendigen Videoproduktionen verbunden sein muss. Besonders beeindruckend finde ich hierbei die Optimierungsmaßnahmen: Der Title ist sehr treffend gewählt, das Description-Feld bis ins Maximale genutzt und auch der Hinweis auf den Unternehmenskanal inklusive Abonnement wird angesprochen. Zu Recht wird dieses Video ganz weit vorne in den Suchergebnissen auf YouTube angezeigt.

# 9.3     WestJet Christmas Miracle: real-time giving

**Länge:** 5:26

**Branche:** Fluggesellschaft

**Veröffentlicht am:** 08.12.2013

**Views:** mehr als 9.100.000

**Kommentare:** mehr als 13.500

**Positive Bewertungen:** mehr als 66.000

**Negative Bewertungen:** rund 1.500

**Verbrechen:** Emotionalität zu Weihnachten wecken

**Link:** *http://www.youtube.com/watch?v=zIEIvi2MuEk*

So geht virales Marketing! Wahrscheinlich hat die Mehrheit von Ihnen dieses Video bereits von Freunden, Bekannten oder Kollegen geschickt bekommen oder Sie haben es auf der ein oder anderen News-Seite im Internet angeklickt. Der Erfolg dieses Video-Meisterwerks ist unglaublich, obgleich es erst seit wenigen Monaten auf YouTube zu finden ist.

Die Geschichte des Videos appelliert ganz klar an die weihnachtlichen Emotionen: Flugreisende verraten am Terminal eines Flughafens einem virtuellen Weihnachtsmann ihre Wünsche für das bevorstehende Fest. Was sie nicht wissen: Santa Claus und seine fleißigen Helfer von WestJet notieren sich diese Geschenkwünsche und überraschen die Passagiere an der Gepäckausgabe am Zielort mit genau diesen Geschenken. Begleitet wird das Ganze mit der Kamera.

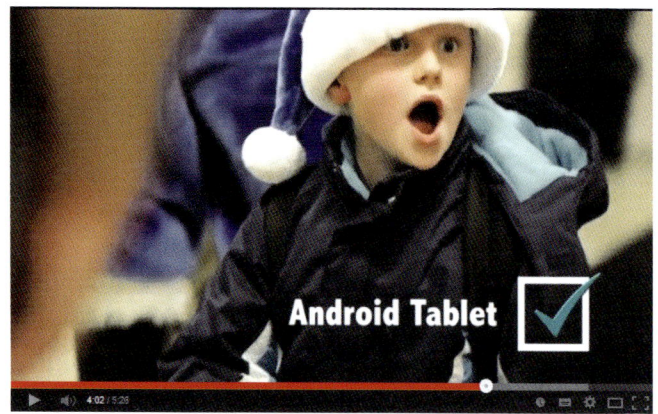

WestJet Christmas Miracle: real-time giving

***Abb. 9.3:*** WestJet bringt auch eingefrorene Herzen zum Schmelzen.

Die Macher arbeiten mit verschiedenen Stilmitteln: Nahaufnahmen unterstreichen die Emotionalität des Videos, Totale spiegeln die Größe dieses schier unstemmbaren Projektes wider. Der Zeitpunkt der Veröffentlichung ist ohne jeden Zweifel einem Redaktionsplan geschuldet, der die Prozesse so fein abgestimmt hat, dass das Video pünktlich zur Adventszeit auf YouTube zu finden war.

Nicht nur ich und weitere neun Millionen sind auf dieses Video aufmerksam geworden: Unzählige Empfehlungen auf Facebook und Google+ sowie Fernsehbeiträge zu dem Video sind der Beweis, dass hier eine Idee gezündet hat.

# 9.4    BMW & MINI Autohaus Reisacher - Imagefilm 2012

**Länge:** 4:09

**Branche:** Autohaus

**Veröffentlicht am:** 15.12.2011

**Views:** rund 14.000

**Kommentare:** keine

**Positive Bewertungen:** 14

**Negative Bewertungen:** 4

**Verbrechen:** gut gemachtes Imagevideo

**Link:** *http://www.youtube.com/watch?v=UKV117TSWlA*

BMW & MINI Autohaus Reisacher - Imagefilm 2012

***Abb. 9.4:*** Auch ein hochwertiges Imagevideo kann überzeugen.

Eine Spur kleiner präsentiert sich dieses Imagevideo eines Autohauses. Natürlich ist eine solche Unternehmenspräsentation nicht so emotional geprägt wie ein Weihnachtsvideo, dennoch hat das Video aufgrund seiner extrem professionellen Präsentation sehr gute Klickzahlen.

Ziel dieses Videos ist es zum einen, die Leistungsbereiche des Autohauses in ihrer vollen Breite zu präsentieren. Hierzu werden Mitarbeiter gefilmt und bei ihrer täglichen Arbeit begleitet. Zum anderen schafft das Video die Brücke zwischen dem sehr technischen, kühlen Themengebiet »Auto« und dem sozialen Feld der Familie. Nahaufnahmen unterstreichen diesen Gedanken und binden den Zuschauer. Harmonisch integriert ist hierbei eine Stimme aus dem Off, die die gezeigten Bilder mit Sätzen aufbereitet. Somit hat der Zuschauer nicht nur ein visuelles Erlebnis, sondern auch ein akustisches.

Da es sich hierbei um ein Autohaus handelt, das eher eine regionale Zielgruppe ansprechen möchte, ist es nicht verwunderlich, dass das Video relativ wenige Bewertungen beziehungsweise keine Kommentare hat. Dennoch sind die Views ein schönes Signal für die mit dem Kanal verbundene Website.

# 9.5 FASHION/MODE Trends 2013 - Vorschau

**Länge:** 12:02

**Branche:** Mode/Blogging

**Veröffentlicht am:** 26.01.2013

**Views:** mehr als 1.500.000

**Kommentare:** mehr als 2.6000

**Positive Bewertungen:** rund 9.700

**Negative Bewertungen:** etwa 2.500

**Verbrechen:** authentische Videos zum Thema Mode

**Link:** *http://www.youtube.com/watch?v=vvgwHMz9f7w*

Besonders die Bloggerszene im Bereich Mode lebt von den sozialen Netzwerken. Im Laufe der vergangenen Jahre sind Blogger auch für Unternehmen immer wichtiger geworden, da sie im Internet über Stile und Kollektionen der einzelnen Designer und Labels berichten.

**FASHION/MODE Trends 2013 - Vorschau**

*Abb. 9.5:* Frisch und frei nach Schnauze: Das kommt an!

Die YouTube-Videos dieser Bloggerin sind äußerst beliebt. Nicht nur dass sie sehr regelmäßig neue Inhalte publiziert und so den Abonnenten ihres Kanals immer frischen Content liefert. Auch thematisch orientieren sich die Videos an aktuellen Themen – ein roter Faden ist definitiv erkennbar.

Die Kameraeinstellung aus der Frontalen vermittelt dem Zuschauer den Eindruck, dass sie sich im Gespräch befinden. Auch die lockere, sympathische Art der Hauptperson unterstreicht diesen Eindruck.

# Ausblick

YouTube entwickelt sich stetig weiter und wächst – und somit auch seine Bedeutung für das Onlinemarketing. Denn die Entwicklung der vergangenen Jahre hat gezeigt, dass qualitativ hochwertige Bewegtbildinhalte einen enormen Mehrwert für den User darstellen – und das wird von den Suchmaschinen wie Google und Co. belohnt.

Das Buch hat Ihnen ein fundiertes Grundwissen vermittelt, wie Sie ohne großen Aufwand und quasi kostenlos einen idealen Einstieg in das Videomarketing auf YouTube bekommen. Sicherlich gibt es noch viele weitere Tipps und Tricks, wie Sie noch mehr Zuschauer auf Ihre bereitgestellten Inhalte locken – die Rede ist hier von bezahlten Werbeanzeigen –, doch ohne eine vernünftige Strategie und ansprechende Inhalte werden Ihnen auch noch so viele Klicks auf Ihre Videos nichts nützen, wenn sie dem User keine Informationen vermitteln.

Wichtig ist mir zu betonen, dass Videomarketing sicherlich nicht jedem Unternehmen als ein Booster in Sachen Kundenanfragen oder Verkäufe im Onlineshop dient. Manche werden generell den Return of Investment (ROI) kritisieren, den ein Unternehmen nach Anstrengungen im Bereich Videomarketing wieder einzubringen versucht. Deshalb ist ein zentraler Aspekt dieses Buches, das Ganze auf einem Low-Budget-Niveau zu halten. Die Videoproduktion ist dabei der teuerste Posten in Ihrer Aufgabenliste, da eventuell noch die Anschaffung einer neuen Kamera oder eines Tonaufnahmegeräts anfällt. Die Optimierungen sind jedoch reine Beschäftigungssache, die Sie außer Ihrer Arbeitszeit keinen müden Cent kosten werden. Und Kritikern, die sich gegen Videomarketing bei kleinen und mittelständischen Unternehmen aussprechen, da diese meist lokal gefunden werden möchten und YouTube eher global zu betrachten sei, ist entgegenzuhalten: YouTube ist mehr als nur Suchmaschine. YouTube ist soziales Netzwerk, Google Rankingfaktor, Präsentationsplattform, und noch vieles mehr und sollte auch so behandelt werden.

Videomarketing erfordert Kreativität und Kontinuität, aber in jedem Unternehmen, angefangen beim Ein-Mann-Betrieb bis hin zum Großkonzern, steckt das Potenzial, gute Bewegtbildinhalte zu produzieren und diese einem Millionenpublikum darzubieten. Die Optimierung der Inhalte erhöht die Wahrscheinlichkeit, dass die Zielgruppe Ihrer Dienstleistung beziehungsweise Ihres Produkts auf exakt Ihr Video klickt. Dem Schicksal nachhelfen können Sie durch soziale Interaktionen, zum Beispiel das Teilen Ihrer

Inhalte oder Einbetten der Videos auf Ihrer Website. Generell gilt nämlich: Verknüpfen Sie alle Marketingkanäle miteinander!

Eins soll gesagt sein: Auch »schlechtes« YouTube Marketing ist besser als gar kein Videomarketing – und mit diesem Buch wird aus dem schlechten dann auch noch gutes!

In Zeiten immer weiter steigender Absatzzahlen für mobile Endgeräte stellt das Onlinevideo einen entscheidenden Vorteil in der Informationsgesellschaft dar. Anstatt sich einen Text mühsam durchzulesen, können Sie sich mit einem Video innerhalb weniger Sekunden oder Minuten auf auditiver und visueller Ebene informieren. Mehr als 40 Prozent Aufrufe über Smartphone und Co.[28] bestätigen diesen Trend und unterstreichen die Bedeutung dieses Kanals. Für den User stellen die Videos eine Erleichterung im täglichen Ablauf und eine Erfahrung dar, an der mehrere Sinne beteiligt sind.

Auch YouTube selbst wird sein Bestes geben, um seine User langfristig an das Portal zu binden. Das Unternehmen von Google verkündete vor Kurzem, dass seine Werbeerträge im Jahr 2014 noch um weitere zehn Prozent steigen sollen – nach geschätzten Nettoeinkünften von circa 2 Milliarden US-Dollar in diesem Jahr. Ein Großteil davon wird zwar über bezahlte Anzeigen generiert, doch auch die Inhalte selbst und Werbepartner tragen ihren Teil zur Erfolgsgeschichte von YouTube bei. Viele Leute vergessen, dass YouTube selbst auch von hochwertigen Inhalten profitiert – in Form von wichtigen Werbeeinnahmen. Denn je lukrativer das Portal für andere Kunden ist, desto relevanter ist YouTube auch für Werbeabteilungen, die hier Anzeigen schalten wollen.

Bewegtbildmarketing wird wachsen – dessen bin ich mir sicher. Vor allem aber die Gewissheit, dass Google seine profitablen Kinder nie untergehen lässt und eigene Produkte enorm pusht (man denke an Google+), macht es zu einer leichten Entscheidung, auf das Pferd »Videomarketing auf YouTube« zu setzen. Das Gesamtpaket aus User-, YouTube- und Google-Nutzen ist ein wirtschaftliches Argument, das für die Nachhaltigkeit spricht – und nicht nur für eine Alltagsfliege am Videohorizont.

---

28. *http://www.computerbild.de/artikel/cb-Aktuell-Internet-YouTube-40-Prozent-mobil-8901985.html*

# Index

Andreas Werner

# Pinterest

## Ein Guide für visuelles Social-Media-Marketing

- Bilder im Netz sammeln, sortieren und wiederfinden
- Zahlreiche Tipps für attraktive Boards und nützliche Zusatztools
- Vom Social Bookmarking zum visuellen Social-Media-Marketing für Unternehmen

Pinterest gehört zu den Online-Überfliegern der letzten Jahre – wie bei keinem anderen Netzwerk hat man hier verstanden, dass „social" und „visuell" gemeinsam zum Erfolg führen.

Andreas Werner zeigt in diesem Buch, was Pinterest so erfolgreich macht und erklärt die wichtigsten Punkte für den Einstieg: Wie richte ich ein attraktives Board ein? Wie pinne, repinne, like und kommentiere ich erfolgreich? Was kann ich machen, um mehr Follower zu finden? Und wie funktioniert das Pinterest Bookmarklet? Das alles wird ausführlich beantwortet und mit praktischen Beispielen veranschaulicht.

Der Autor geht zudem darauf ein, warum Pinterest nicht nur privat Spaß macht, sondern auch erfolgreich für eigene Projekte und im Unternehmen eingesetzt werden kann. Er zeigt, wie Sie die eigene Website für Pins aufbereiten, Pinterest in Ihren Social-Marketing-Mix integrieren und einen soliden Workflow erstellen können. Zusätzlich geht er detailliert auf passende Analytics-Tools ein, mit denen Sie Ihre Darstellung auf Pinterest optimieren können.

Zahlreiche Tipps zu nützlichen Zusatztools und Widgets runden das Buch ab.

Probekapitel und Infos erhalten Sie unter:
**www.mitp.de/9464**

ISBN 978-3-8266-9464-6

Jim Sterne

# Social Media Monitoring

## Analyse und Optimierung Ihres Social Media Marketings auf Facebook, Twitter, YouTube und Co.

- Awareness, Reichweite, Stimmung, Engagement und aktive Teilnahme messen

- Wichtige Fans, Follower und Multiplikatoren identifizieren

- Zahlreiche praxisnahe Beispiele

Bei dem Hype um Social Media Marketing mit Facebook, Twitter, Xing und Co. wird ein wichtiger Aspekt oft vergessen: Es ist wichtig, die Ergebnisse und den Erfolg Ihrer Social-Media-Maßnahmen zu messen. Nur so können Sie erkennen, ob sich die Investition lohnt, und Ihre Aktivitäten kontinuierlich verbessern.

Mit diesem Buch lernen Sie, Ihre Social-Media-Kampagnen zu analysieren. Jim Sterne zeigt Ihnen, wie Sie herausfinden, ob Ihre Kampagnen erfolgreich und welche Metriken hierfür relevant sind. So führen z.B. mehr Follower auf Twitter und Fans bei Facebook nicht unbedingt dazu, dass Sie letztendlich einen besseren Return on Investment (ROI) erzielen.

Die Analyse der Awareness, Reichweite, Stimmung und Meinung zeigt Ihnen, ob Ihre Message ankommt. Wenn sie kommentiert und von bedeutenden Multiplikatoren weitergeleitet wird, ist das nur der erste Schritt. Erst die aktive Teilnahme von Menschen, die sich engagieren und eine nachhaltige Beziehung zu Ihrem Unternehmen eingehen, ist ausschlaggebend für Ihren Erfolg. Denn letztendlich nutzen Social Media

Ihrem Unternehmen nur dann, wenn das Ergebnis Ihrer Aktivitäten für Ihre Unternehmensziele förderlich ist.

Eine Veränderung der Philosophie, ein Wandel der Strategie und brandneue Metriken sind die Schlüssel für den Marketingerfolg in einer vernetzten Welt. Andere Bücher erklären, warum Social Media für Ihren Unternehmenserfolg entscheidend sind und wie Sie partizipieren können. Dieses Buch geht einen Schritt weiter und zeigt Ihnen, was Sie messen, wie Sie vorgehen und welche Maßnahmen Sie aus den Ergebnissen ableiten sollten, um Ihre Social-Media-Programme zu verbessern.

### Über den Autor:

Jim Sterne veröffentlichte schon 1994 die erste Seminarreihe »Marketing im Internet«. Heute ist er ein international anerkannter Fachmann für Digitales Marketing und Kundeninteraktion sowie Berater von Internet-Unternehmen. Er ist Gründer des eMetrics Marketing Optimization Summit und Mitbegründer der Web Analytics Association. Weitere Informationen finden Sie unter JimSterne.com.

Probekapitel und Infos erhalten Sie unter:
**www.mitp.de/9094**

**ISBN 978-3-8266-9094-5**

Tim Sebastian

# Facebook Fanpages Plus

- Das »Missing Manual« zum Erstellen von Fanpages
- Fanpages erweitern: Tab-Applikationen, Open-Graph-Protokoll und Social-Plugins
- Aktionen mit Tracking und Monitoring auswerten und analysieren

Im Social-Media-Marketing ist Facebook eines der wichtigsten und mächtigsten Werkzeuge. Die zahlreichen Schnittstellen ermöglichen es, die eigene Fanpage individuell zu erweitern, zusätzliche Features für die Kunden zu erstellen und die Fanpage mit der eigenen Website zu verknüpfen.

Lernen Sie zunächst detailliert am Beispiel der Fanpage zu diesem Buch, wie eine Fanpage erstellt wird. Dabei werden Ihnen Fallstricke aufgezeigt, die Sie von Anfang an beachten sollten, um nicht in eine der zahlreichen Stolperfallen zu tappen, die später zu schweren Problemen führen können.

Weiter erfahren Sie, wie Sie die Funktionalität Ihrer Fanpage mit den vorhandenen Schnittstellen erweitern.

Der Autor erläutert, wie Tab-Applikationen auf-gebaut sind und stellt zusätzlich weitere als kosten-losen Download zum Buch zur Verfügung.

Sie lernen das vielfach noch unbekannte Open-Graph-Protokoll kennen, das es ermöglicht, Inhalte bzw. Websites so zu klassifizieren, dass Facebook diese auslesen und verwerten kann. Erfahren Sie, welche Open-Graph-Elemente auf Ihrer Website notwendig sind und wie Sie gezielt steuern, welche Informationen Ihrer Website durch Teilen auf Facebook erscheinen. Auch erhalten Sie einen Einblick in die neuartigen Open-Graph-Applikationen, die Interaktionen auf Facebook jenseits von »Like« und »Share« ermöglichen.

Darüber hinaus geht der Autor auf Social-Plugins ein und zeigt, wie Sie diese auf Ihrer Website integrieren und effektiv einsetzen.

Um sowohl Ihre Präsenz auf Facebook verbessern als auch Rückschlüsse über Erfolg und Misserfolg Ihrer Kampagnen ziehen zu können, rundet ein Kapitel über Tracking und Monitoring das Buch ab. So lernen Sie, Ihre Aktionen auf Facebook zu analysieren und auszuwerten.

Probekapitel und Infos erhalten Sie unter:
**www.mitp.de/9184**

**ISBN 978-3-8266-9184-3**

Mathias Kempowski

# Facebook-Commerce

## Erfolgreich auf Facebook verkaufen: Marketing, Shops, Strategien, Monitoring

- Facebook-Marketing: Fans gewinnen, Gruppen aufbauen, Fanpage bewerben

- Produkte verkaufen: Strategien und Lösungen für Facebook-Shops

- Mit vielen praktischen Beispielen und zahlreichen Tipps zu Tools und Dienstleistern

Social-Media-Marketing machen alle – es wird Zeit für Social-Commerce! Viele Nutzer sind mindestens einmal am Tag auf Facebook oder mit ihren Smartphones ununterbrochen online — das sind nicht nur potenzielle Fans, sondern auch potenzielle Kunden.

Mathias Kempowski erklärt Ihnen zunächst die Grundlagen des Facebook-Marketings: Was macht eine gute Unternehmensseite aus? Wie gewinnen Sie echte Fans? Und wie können Sie sich z.B. durch Gruppen eine zusätzliche Community aufbauen?

Danach geht er einen Schritt weiter – denn das Ziel aller Mühen soll am Ende der Verkauf Ihrer Produkte und Dienstleistungen sein. Anhand praktischer Beispiele erfahren Sie, wie ein erfolgreicher Facebook-Shop aufgebaut ist, wie Sie ihn

mit iFrames individualisieren und aus welchen Shop-Lösungen Sie wählen können.

Darüber hinaus lernen Sie, wie Sie unter anderem Facebook-Apps, Affiliate-Marketing und Newsletter einsetzen können, um Ihren Gewinn zu steigern.

Ein Kapitel zum Facebook-Monitoring und Hinweise zu rechtlichen Fallstricken runden das Buch ab.

**Über den Autor:**

Mathias Kempowski unterstützt Unternehmen beim Aufbau und der Vermarktung eigener Firmenblogs und Unternehmensseiten auf Facebook. Als Blogger gibt er Tipps zu Themen wie Existenzgründung und Selbstständigkeit.

Probekapitel und Infos erhalten Sie unter:
**www.mitp.de/9295**

ISBN 978-3-8266-9295-6

Björn Tantau

# Google+

## Einstieg und Strategien für erfolgreiches Marketing und mehr Reichweite

- Einfacher Einstieg in das Social Network von Google
- Google+ als Marketinginstrument nutzen
- Nachhaltige Strategien für mehr Reichweite

Mit Google+ hat sich Google ein soziales Netzwerk geschaffen, das im Markt gegen den großen Konkurrenten Facebook ansteht. Das mit klarem Design und Innovationen überzeugende Netzwerk will künftig zentrale Schaltstelle für alle Google-Dienste werden. Über 100 Millionen Menschen sind bereits angemeldet. Aber Google+ ist nicht nur ein weiteres Social Network. Durch die Unternehmensseiten, den +1-Button sowie die zunehmende Integration in die Websuche wird Google+ im Online-Marketing künftig eine wichtige Rolle spielen.

Björn Tantau, Social Media Referent und Autor zahlreicher Fachartikel, erklärt im ersten Teil dieses Buches Schritt für Schritt den Einstieg in Google+: vom eigenen Profil über die nötigen Privatsphäre-Einstellungen bis hin zum Anlegen von Circles. So bauen Sie sich nach und nach Ihr eigenes Netzwerk auf und entwickeln es durch regelmäßige und interessante

Inhalte zu einer treuen Community. Der zweite Teil des Buches widmet sich dann dem Marketing mit Google+. Ob Sie das Image Ihres Unternehmens verbessern möchten oder Ihren Blog in den Suchergebnissen von Google an die Spitze bringen wollen, der Autor erklärt Ihnen nachhaltige Strategien für mehr Reichweite und zeigt Ihnen, wie Sie diese mit einer eigenen Unternehmensseite auf Google+, Suchmaschinenoptimierung und der Verwendung von Google+ Apps erfolgreich umsetzen.

### Über den Autor:

Björn Tantau ist seit Ende der 1990er Jahre im Bereich Online-Marketing aktiv und beschäftigt sich mit Suchmaschinenoptimierung, Linkaufbau und Social Media Marketing. Er ist als Referent im Bereich Social Media und Google+ tätig, schreibt für Fachmagazine und spricht bei Branchenkonferenzen und Messen.

Probekapitel und Infos erhalten Sie unter:
**www.mitp.de/9223**

ISBN 978-3-8266-9223-9

Frank Bärmann

# Social Media
## im Personalmanagement

Facebook, Xing, Blogs, Mobile Recruiting und Co.
erfolgreich einsetzen

- Mit neuen Strategien gegen den Personalmangel

- Die wichtigsten Social-Media-Plattformen und -Kanäle

- Einstieg ins Social Employer Branding, Social Recruiting und in die Personalkommunikation 2.0

Der Fachkräftemangel wird in Deutschland immer akuter. Geeignetes Personal ist rar und die Digital Natives müssen schon heute mit den richtigen Mitteln umworben werden. Die Social Media eröffnen dafür neue Wege; sie sind eine Chance für Personaler, aber auch eine Herausforderung.

Frank Bärmann ist Diplom-Kaufmann und seit über zehn Jahren Berater für PR, Marketing, Social Media und Personal. In diesem Buch zeigt er auf, inwiefern sich die Situation in der Personalwirtschaft verändert hat und warum die alten Methoden des Personalmanagements nicht mehr funktionieren. Aus Personaler-Sicht stellt er die wichtigsten Social-Media-Plattformen und -Kanäle vor – von Xing und LinkedIn über Facebook, Twitter, YouTube und Pinterest bis hin zu Blogs und mobilen Anwendungen – und verdeutlicht deren Potenzial für die Mitarbeitersuche und -pflege. Er geht dabei auch auf den mit der regelmäßigen Nutzung einhergehenden Arbeitsaufwand und die Kostenfrage ein.

Mit einem besonderen Blick auf die jeweilige Strategie erklärt der Autor, wie Sie die einzelnen Social-Media-Kanäle effektiv einsetzen können, um Ihr Employer Branding zu verbessern, neue Wege im Recruiting zu betreten und Ihre Personalentwicklung und -kommunikation auszubauen.

Darüber hinaus erläutert er, wie die interne Kommunikation sowie das Wissensmanagement und die Personalausbildung im Unternehmen durch Social Media unterstützt werden können.

Hinweise für Ihre eigenen Social-Media-Guidelines und viele aktuelle und anschauliche Beispiele runden das Buch ab.

Probekapitel und Infos erhalten Sie unter:
**www.mitp.de/9200**

**ISBN 978-3-8266-9200-0**

Christian O. Schilling

# Dropbox

**Sicher speichern und effektiv
arbeiten in der Cloud**

- Der beliebteste Cloudspeicherdienst
  Schritt für Schritt erklärt
- Daten unabhängig vom
  Betriebssystem synchronisieren
- Arbeitsprozesse optimieren
  mit vielen Zusatz-Apps

Dropbox ist eine kostenlose Cloud-Anwendung, mit der Sie Dokumente, Fotos und Videos systemübergreifend speichern und teilen können. Ob auf dem stationären Rechner, dem Smartphone oder einfach im Netz – alle Dateien sind immer und überall verfügbar. So hilft Ihnen Dropbox über alle Plattformen hinweg beim effektiven Arbeiten.

Christian Schilling erklärt in diesem Handbuch Schritt für Schritt, wie Sie Ihr Dropbox-Konto einrichten und die Software auf allen Geräten installieren. Danach geht er einzeln auf alle wichtigen Punkte ein: Dateien laden, Freigabelinks und gemeinsame Ordner einrichten, Fotostreams veröffentlichen, Speicher erweitern, Datenschutz und vieles mehr.

Neben den Standardfunktionen beschreibt der Autor auch ausführlich, wie Sie Dropbox in Kombination mit anderen Applikationen und Services effizient einsetzen. So können Sie Workflows erstellen, die Ihre Produktivität und Organisation unterstützen. Ein weiteres Kapitel beschreibt Dropbox als sichere Backuplösung.

Viele hilfreiche Tipps und Tricks sowie Beispiele aus der Praxis liefern Anregungen für den praktischen Umgang mit Dropbox.

Probekapitel und Infos erhalten Sie unter:
**www.mitp.de/9457**

**ISBN 978-3-8266-9457-8**